高等职业教育工业机器人技术专业系列教材

ABB 工业机器人在线编程

主　编　高　杉　巫国富
副主编　张云龙　陈南江　林燕文
参　编　李　峰　宋振成

机械工业出版社

本书以实际项目为引导,先介绍理论知识再实际动手操作,最终实现从认知到熟练操作 ABB 工业机器人的理想效果。本书共有六个情境,包括认识 ABB 工业机器人、开机与简单操纵工业机器人、ABB 工业机器人操作准备、ABB 工业机器人操作轨迹实训、ABB 工业机器人夹具应用实训和 ABB 工业机器人综合实践。

本书可作为高等职业院校工业机器人技术、机电一体化技术和电气自动化技术等相关专业的教材,也可供相关工程技术人员参考。

本书配有在线教学视频,详细内容可以浏览"中国大学 MOOC"网站(https://www.icourse163.org)上的在线开放课程《技术小白成长记——带你快速玩转工业机器人(ABB)》。本书配有微课视频,读者可以扫描书中二维码观看。本书配有电子课件,凡使用本书作为教材的教师可登录机械工业出版社教育服务网 www.cmpedu.com 注册后下载。咨询电话: 010-88379375。

图书在版编目(CIP)数据

ABB 工业机器人在线编程/高杉,巫国富主编. —北京: 机械工业出版社, 2021.12(2023.6 重印)
高等职业教育工业机器人技术专业系列教材
ISBN 978-7-111-69979-8

Ⅰ.①A… Ⅱ.①高… ②巫… Ⅲ.①工业机器人-程序设计-高等职业教育-教材 Ⅳ.①TP242.2

中国版本图书馆 CIP 数据核字(2022)第 007267 号

机械工业出版社(北京市百万庄大街 22 号 邮政编码 100037)
策划编辑: 薛 礼　　　　　责任编辑: 薛 礼 王海霞
责任校对: 陈 越 贾立萍　封面设计: 张 静
责任印制: 郜 敏
北京中科印刷有限公司印刷
2023 年 6 月第 1 版第 2 次印刷
184mm×260mm·12.25 印张·301 千字
标准书号: ISBN 978-7-111-69979-8
定价: 42.00 元

电话服务　　　　　　　　　　　网络服务
客服电话: 010-88361066　　　机 工 官 网: www.cmpbook.com
　　　　　010-88379833　　　机 工 官 博: weibo.com/cmp1952
　　　　　010-68326294　　　金 书 网: www.golden-book.com
封底无防伪标均为盗版　　　机工教育服务网: www.cmpedu.com

Robot

前言

党的二十大报告指出："推动制造业高端化、智能化、绿色化发展。巩固优势产业领先地位,在关系安全发展的领域加快补齐短板,提升战略性资源供应保障能力。推动战略性新兴产业融合集群发展,构建新一代信息技术、人工智能、生物技术、新能源、新材料、高端装备、绿色环保等一批新的增长引擎。"

伴随相关领域高技能人才的迫切需求,同时作为支撑智能制造产业的高端装备,工业机器人将迎来新的发展。ABB工业机器人是当前众多工业机器人品牌中应用较为广泛的一种,其在线编程与操作技术是学习ABB工业机器人技术的基础。

本书共有六个情境,包括认识ABB工业机器人、开机与简单操纵工业机器人、ABB工业机器人操作准备、ABB工业机器人操作轨迹实训、ABB工业机器人夹具应用实训和ABB工业机器人综合实践。前三个情境是认知和理解部分,以理论为主、操作为辅,介绍了工业机器人发展的背景、实际组成以及如何开机起动,为实训做必要的准备;后三个情境为实训和综合实践,以实际任务为学习导向,结合操作理论完成操作轨迹、夹具实训和视觉系统的实训任务。

本书提供了视频、课件、仿真工作站文件和案例程序等配套资源,可帮助读者快速、深刻地掌握和理解所学内容。

一般情况下,建议用72学时来讲解和实践本书的内容,具体的课时分配建议见下表。

内容	课时分配建议		内容	课时分配建议	
	理论	实践		理论	实践
情境1 认识ABB工业机器人	4	0	情境5 ABB工业机器人夹具应用实训	8	8
情境2 开机与简单操纵工业机器人	8	4	情境6 ABB工业机器人综合实践	6	6
情境3 ABB工业机器人操作准备	8	4	合计	42	30
情境4 ABB工业机器人操作轨迹实训	8	8			

其中,情境4~情境6实践较多,建议适当增加学时。实际教学中示教器数量有限,可利用离线仿真软件RobotStudio导入实际的工作站,利用虚拟示教器完成相关实训。

本书开发了在线教学视频,详细内容可以浏览中国大学慕课网站https://www.icourse163.org上的在线开放课程《技术小白成长记-带你快速玩转工业机器人(ABB)》。

本书由高杉、巫国富任主编,张云龙、陈南江、林燕文任副主编。编写分工为:张云龙、巫国富编写情境1、2,高杉、李峰编写情境3、5,陈南江、林燕文、宋振成编写情境4、6。全书由高杉、林燕文统稿。

由于编者水平有限,书中难免有疏漏和错误之处,恳请读者批评指正,并将意见和建议反馈至 liberman@126.com,非常感谢!

编 者

二维码索引

名称	图形	页码	名称	图形	页码
工业机器人主要在哪些领域用得多		5	链接ABB工业机器人各部分并开机		22
带你认识一下我们的主角ABB工业机器人		8	ABB机器人操作手柄(示教器)的认知与实践(一)		29
你了解工业机器人的那些重要参数吗？		9	ABB机器人操作手柄(示教器)的认知与实践(二)		31
ABB工业机器人设备简介		13	机器人手动运行模式之单轴运动(一)		36
工业机器人安全操作规范		18	机器人手动运行模式之单轴运动(二)		36
安全的隐患都来自于哪些地方		18	机器人手动运行模式之线性运动		37
你要遵守的一些安全操作规范		18	机器人手动运行模式之重定位运动		38
常见事故处理案例展示		20	工业机器人转数计数器更新		39

(续)

名称	图形	页码	名称	图形	页码
工业机器人负载设定		43	机器人重要准备工作之创建机器人工具数据（工具坐标系）(一)		58
工业机器人负载使用		46	机器人重要准备工作之创建机器人工具数据（工具坐标系）(二)		58
创建长方体防干涉区域		47	机器人重要准备工作之创建机器人工具数据（工具坐标系）(三)		58
创建圆柱体防干涉区域		47	机器人重要准备工作之创建机器人工具数据（工具坐标系）(四)		58
创建球体防干涉区域		47	机器人重要准备工作之创建机器人工具数据（工具坐标系）(五)		58
防干涉区的使用		54	机器人运动重要准备工作之建立工件数据（工件坐标系）		66
背景认知：给你说说到底什么是坐标系		57	背景认知：ABB 工业机器人程序架构及 RAPID 编程语言简介（原版一）		85
背景认知：如何让机器人在工作之前建立空间感（坐标系概述）(一)		57	背景认知：ABB 工业机器人程序架构及 RAPID 编程语言简介（原版二）		85
背景认知：如何让机器人在工作之前建立空间感（坐标系概述）(二)		57	方形轨迹实训		88

(续)

名称	图形	页码	名称	图形	页码
圆形轨迹实训		101	背景认知：机器人如何同外部设备沟通的？（IO信号板及通信）（二）		129
字体轨迹的工作站搭建		104	机器人同外部设备沟通的具体方法（IO信号配置）（一）		129
字体轨迹实训步骤		104	机器人同外部设备沟通的具体方法（IO信号配置）（二）		129
程序备份与加载		118	搬运总视频		140
背景认知：机器人如何同外部设备沟通的？（IO信号板及通信）（一）		129	码垛总视频		149

目录 Contents

- 前言
- 二维码索引
- 情境1　认识ABB工业机器人 / 1

  项目1　工业机器人背景认知 / 1
  - 1.1　工业机器人的定义 / 2
  - 1.2　工业机器人的作用 / 3
  - 1.3　国内外工业机器人的发展现状 / 4
  - 1.4　工业机器人的典型应用 / 5

  项目2　初识ABB工业机器人 / 7
  - 2.1　ABB公司简介 / 8
  - 2.2　ABB工业机器人的型号及分类 / 8
  - 2.3　ABB工业机器人的技术参数 / 9
  - 2.4　ABB工业机器人的编程方式 / 11

  项目3　ABB工业机器人组成认知 / 12
  - 3.1　本体部分 / 13
  - 3.2　控制部分 / 16

- 情境2　开机与简单操纵工业机器人 / 18

  项目4　工业机器人安全操作规范 / 18
  - 4.1　安全操作规范 / 18
  - 4.2　工作中的安全注意事项 / 19
  - 4.3　紧急状况处理 / 20

  项目5　开机起动工业机器人 / 22
  - 5.1　基本安装与连接 / 22
  - 5.2　检查并开机起动 / 26
  - 5.3　运行模式选择 / 26

  项目6　熟悉并简单使用示教器 / 28
  - 6.1　示教器的初步认知 / 29
  - 6.2　示教器的基本使用方法 / 31

  项目7　工业机器人手动操纵 / 35

7.1 工业机器人的手动操纵 / 36
7.2 ABB 工业机器人转数计数器的更新 / 38

情境 3　ABB 工业机器人操作准备 / 43

项目 8　工业机器人有效载荷设置 / 43
8.1 创建有效载荷 / 43
8.2 编辑有效载荷数据 / 45
8.3 使用有效载荷 / 46

项目 9　工业机器人防干涉区域设置 / 47
9.1 创建防干涉区域 / 47
9.2 启用区域限制监控 / 54

项目 10　工业机器人坐标系设置 / 56
10.1 ABB 机器人中定义的坐标系 / 57
10.2 定义工具坐标系 / 58
10.3 定义工件坐标系 / 66

项目 11　ABB 仿真软件的安装与认知 / 71
11.1 软件的安装与授权 / 71
11.2 离线编程软件认知 / 75

情境 4　ABB 工业机器人操作轨迹实训 / 84

项目 12　工业机器人方形轨迹实训 / 84
12.1 实训任务 / 85
12.2 实训原理 / 85
12.3 实训步骤 / 88

项目 13　工业机器人圆形轨迹实训 / 99
13.1 实训任务 / 99
13.2 实训原理 / 100
13.3 实训步骤 / 101

项目 14　工业机器人字体轨迹实训 / 103
14.1 实训任务 / 104
14.2 实训步骤 / 104

项目 15　工业机器人程序管理实训 / 113
15.1 实训任务 / 114
15.2 实训原理 / 114
15.3 实训步骤 / 118

情境 5　ABB 工业机器人夹具应用实训 / 121

项目 16　工业机器人夹具认知 / 121
16.1 夹爪的组成 / 122
16.2 夹爪的工作原理 / 122

16.3 夹爪的安装 / 123
项目17 工业机器人搬运实训 / 128
　17.1 实训任务 / 129
　17.2 实训原理 / 129
　17.3 实训步骤 / 140
项目18 工业机器人码垛实训 / 144
　18.1 实训任务 / 145
　18.2 实训原理 / 145
　18.3 实训步骤 / 149

▶ **情境6　ABB 工业机器人综合实践 / 154**

项目19 工业机器人焊接工作站应用 / 154
　19.1 焊接工作站认知 / 155
　19.2 焊接工作站参数设定 / 158
　19.3 焊接指令与编程 / 162
项目20 工业机器人视觉应用 / 165
　20.1 机器视觉认知 / 166
　20.2 检测项目应用 / 168
　20.3 视觉分拣应用 / 178

▶ **参考文献 / 186**

情境1　认识ABB工业机器人

项目1　工业机器人背景认知

【学习目标】

目标分类	学习目标分解	成果	学习要求
知识目标	了解工业机器人的定义	认知	了解
	了解工业机器人的作用	认知	了解
	了解国内外工业机器人的发展现状	认知	了解
	了解工业机器人的典型应用	认知	了解

【课程体系】

【课程描述】

工业机器人是面向工业领域的多关节机械手或多自由度的机械装置，可对物体运动的位置、速度和加速度进行精准的控制，从而完成某一工业生产的作业要求。工业机器人具有可再编程、自动控制、功能多等特点，其智能化、规模化和系统化的综合发展已经成为衡量一个国家科技制造水平的重要标志之一。在我国制造强国战略的指导下,"机器换人"现象将更加频繁,我国工业机器人市场也将进一步扩展。如图1-1所示,工业机器人作为制造强国战略的重点领域之一,将在未来扮演重要角色。本项目将介绍工业机器人的背景知识,工业机器人的发展和主要应用领域。

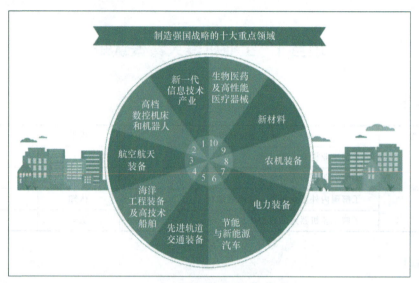

图1-1 制造强国战略的十大重点领域

1.1 工业机器人的定义

1920年,捷克作家卡雷尔·恰佩克在其剧本《罗萨姆的万能机器人》中最早使用"机器人"一词,剧中的Robot(源自捷克文Robota,意为奴隶)即作家笔下一个具有人的外表、特征和功能的机器,是一种人造的劳动力,这是最早的工业机器人设想。

20世纪40年代中后期,机器人的研究和发明得到了广泛关注。20世纪50年代后期,美国橡树岭国家实验室开始研究能搬运核原料的遥控操纵机械手,这是一种加入了力传感器的主从型控制系统,操作者凭借这些传感器获知施加力的大小,并通过观察窗或闭路电视对机械手进行有效的监控。主从机械手系统的出现为机器人的产生及近代机器人的设计与制作奠定了基础。

1954年,美国人乔治·德沃尔首先提出工业机器人的概念,并申请了专利。该专利要点是借助伺服技术控制机器人关节,利用手对机器人进行动作示教。1959年,英格伯格和德沃尔设计出世界上第一台真正实用的工业机器人,名为"尤尼梅特"(Unimate)。尤尼梅特机器人生产线应用如图1-2所示,英格伯格也被誉为"工业机器人之父"。

随着机器人所涵盖的内容越来越丰富,对机器人的定义也不断充实和创新。美国机器人工业协会(Robotic Industries Association,RIA)提出的工业机器人定义:"工业机器人是一种用于移动各种材料、零件、工具或专用装置,能够通过可编程序动作来执行各种任务并具有编程能力的多功能机械手。"日本工业机器人协会(Japan Industrial Robot Association,JIRA)提出的工业机器人定义:"工业机器人是一种装配有记忆装置和末端执行器,能够转动并通过自动完成各种移动来代替人类劳动的通用机器。"国际标准化组织(International

图 1-2 尤尼梅特机器人生产线应用

Organization for Standardization，ISO）提出的工业机器人定义："工业机器人是一种位置可控，能够借助于可编程序操作来处理各种材料、零件、工具和专用装置，以执行各种任务的多轴自动多功能机械手。"

我国现行标准 GB/T 12643—2013 中将工业机器人定义为一种自动控制的、可重复编程、多用途的操作机，能搬运材料、零件或操持工具，用以完成各种作业。

1.2 工业机器人的作用

随着科技的迅速发展，各个企业之间的竞争也日益激烈。为了应对不断提高的工业生产成本和激烈的行业竞争形势，越来越多的传统制造企业开始改变以往的生产经营模式，通过引进工业机器人来实现生产自动化，进一步提升工业生产效率，促进产业结构的智能化调整，而工业机器人的优势也日渐显现。以下是工业机器人给终端用户带来的好处。

1. 减少成本

工业机器人的应用可以减少制造特定工件的成本，包括减少劳动力、减少物料浪费等直接成本。从间接成本来看，可以通过节约能源和劳动力成本来实现，通过工业机器人减少废品或返工可以实现单位产品的能源效益最大化。此外，工业机器人不需要人工工作场地所需的环境温度和照明设备等，可以通过使用工业机器人减少维持工作环境的能源消耗。

2. 提高产品质量和一致性

工业机器人的工作是可重复的，在工件一致的情况下，可以保证生产工件的质量，这就意味着工业机器人可以制造相当数量且一致性高的产品，并且能够保证工件的合格率。

3. 提高安全性和改善工作环境

工业机器人可以有效地处理一些脏的、危险的、威胁健康的以及要求苛刻的任务，如喷涂、压力机上下料、金属工件抛光、铸件清理以及超重负荷处理等。因此，工业机器人的应用可使工人远离直接生产过程，从而提高安全性，改善工人的工作环境。

4. 提高生产量和生产效率

正如上文所提到的，工业机器人生产的一致性能够确保固定的生产量，这就意味着可以最大化其他机器的生产量。工业机器人可以缩短生产周期并且 24h 连续运作，提高产品的生产量和生产效率。

5. 提高产品制造的柔性

工业机器人本质上就是非常灵活的，一旦操作被编程输入，工业机器人只需数秒就可以调用程序并进入运行状态。因此，工业机器人实现生产转换的速度很快，极大缩短了机器人的下线时间。视觉、触觉等多种传感器的使用使工业机器人可以处理不同的产品，为批量生产提供了可能性。

6. 减少劳动力流动

改善工作环境、去除重复度高或劳动强度大的工作可以减少工人在生产过程中的流动。如果给予工人挑战性大、重复度低的工作，他们就可能获得更多的成就感。

如果能留住原来的员工，那么雇佣新员工的成本就会减少。这个成本不仅包括在雇佣新员工的过程中产生的直接成本，还包括培训成本和由于新员工生产效率较低而产生的成本。

7. 节省工作空间

工业机器人在执行任务时不需要操作人员那么大的空间，它可以被安装在各种各样的位置，如墙上或者天花板上，这样可以减少所需要的空间和占地面积，从而提升空间利用率。

1.3 国内外工业机器人的发展现状

1. 国内工业机器人的发展现状

我国的工业机器人研究始于 20 世纪 70 年代，在国家的支持下，通过"七五""八五"科技攻关，已经基本实现了从实验、引进到自主研发的转变，促进了我国制造、勘探等行业的发展。但是，国内的工业机器人产业仍面临着巨大的竞争与冲击，虽然我国机器人的需求量逐年增加，但很多工业机器人的关键部件还需要进口。从 2016 年世界各国工业机器人的订单量来看（图 1-3），我国工业机器人的订单达到了 8.5 万台，超过日本、韩国和德国三国订单量的总和。

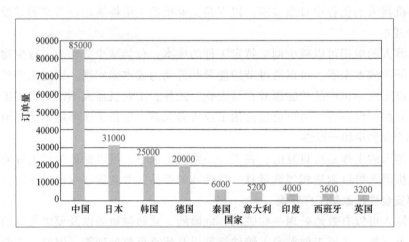

图 1-3　2016 年世界各国工业机器人的订单量

目前我国从事工业机器人研发的单位有 200 多家，专门从事工业机器人产业开发的企业有 50 家以上。"七五"期间，国家投入了大量资金，由机电部（原机械部）主持，中央各部委、中科院及地方科研院所和高校参加，进行工业机器人基础技术、基础元器件、工业机器人整机及应用工程的开发研究。"九五"期间，在国家高技术研究发展计划（863 计划）

的支持下，将沈阳新松机器人自动化股份有限公司、哈尔滨博实自动化股份有限公司、上海机电一体工程有限公司、北京机械工业自动化研究所和四川绵阳四维焊接自动化设备有限公司等确立为智能机器人主题产业基地。此外，上海富安工厂自动化有限公司、哈尔滨焊接研究院有限公司（原哈尔滨焊接研究所）、北京机电研究所、首钢莫托曼机器人有限公司和奇瑞汽车股份有限公司等都以各自研发生产的特色工业机器人或应用工程项目而活跃在当今我国的工业机器人市场上。

2．国外工业机器人的发展现状

目前世界上的工业机器人在技术水平上日趋成熟，优势集中在以日本、美国为代表的少数几个发达的工业化国家。工业机器人已经成为一种标准设备而被工业界广泛应用。目前以日系和欧系为代表（图1-4）形成了"四大家族"【日本FANUC（发那科）、瑞士ABB、德国KUKA（库卡）、日本YASKAWA（安川电机）】引领全球工业机器人产业的格局。

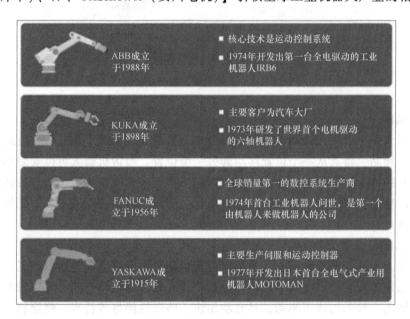

图1-4 工业机器人"四大家族"

美国人乔治·德沃尔在1954年设计出第一台电子可编程序的工业机器人，并于1961年注册了该项专利。1962年，美国通用汽车公司将美国万能自动化公司生产的第一台"尤尼梅特"（Unimate）机器人投入使用，标志着第一代机器人的诞生。随后，工业机器人在日本得到了迅速的发展，如今日本已经成为世界上工业机器人产量和拥有量最多的国家之一。20世纪80年代，世界工业生产技术上高度自动化和集成化的高速发展也使工业机器人得到了进一步发展，在这个时期，工业机器人对世界整体工业经济的发展起到了关键性作用。

1.4 工业机器人的典型应用

1．焊接机器人

焊接机器人是在工业机器人的末端法兰上安装焊钳或焊枪，使之能进行焊接、切割或热喷涂。焊接分点焊和弧焊两种，其中点焊对工业机器人的要求不高，其点与点之间的移动轨迹没有严格要求；弧焊机器人的组成原理与点焊机器人基本相同，但对焊丝端头的运动轨迹、焊枪姿态和焊接参数等都要求精准控制。焊接机器人是应用最广泛的工业机器人之一，目前在汽车制造业中应用广泛，汽车的底盘、导轨、消声器以及液力变矩器等焊接件均使用了工业机器人焊接。图1-5所示为工业机器人正在进行弧焊作业。

图1-5 工业机器人弧焊作业

2. 搬运机器人

搬运机器人是可以进行自动化搬运作业的工业机器人，如图1-6所示。搬运作业是指用一种设备握持物品，将其从一个位置移动到另一个位置。搬运机器人可以安装不同的末端执行器来完成对各种不同形状和状态的物品的搬运工作，大大减轻了人类繁重的体力劳动。搬运机器人广泛应用于机床上下料、压力机自动化生产线、自动装配流水线、码垛和集装箱等自动搬运场合。

3. 喷涂机器人

喷涂机器人又称为喷漆机器人，是可以进行自动喷漆或喷涂其他涂料的工业机器人。喷涂机器人多采用5或6自由度关节式结构，其手臂有较大的运动空间，可以做复杂的轨迹运动。喷涂机器人一般采用液压驱动，具有动作快、防爆性能好等特点。喷涂机器人广泛应用于汽车、仪表、电器等产品的生产。图1-7所示为工业机器人正在进行汽车外表喷涂。

图1-6 搬运机器人

图1-7 工业机器人喷涂汽车外表

4. 装配机器人

装配机器人是柔性自动化装配系统的核心，目前，有些装配机器人通过应用激光技术以及视觉传感器、力传感器等来实现自动化生产线上物体的自动定位和精密装配作业。装配机器人主要应用于各种电器制造、机电产品及其组件的装配等领域。图 1-8 所示为工业机器人正在进行装配作业。

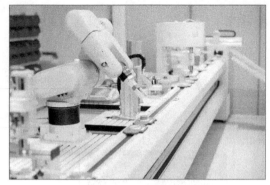

图 1-8　工业机器人进行装配作业

【课程总结】

本项目介绍了工业机器人的定义、作用、发展现状和典型应用，主要内容如下：
1）机器人一词的提出和世界上第一台工业机器人的诞生。
2）工业机器人的优点及能解决的生产问题。
3）工业机器人的标准定义和国内、外发展现况。
4）机器人在工业上的四大典型应用。

【课程练习】

一、判断题
1. 世界上第一台工业机器人是美国人制造的"Unimate"机器人。（　　）
2. 我国对工业机器人的需求量很大。（　　）
3. 工业机器人技术不够成熟，因此不能给用户带来好处。（　　）
4. 工业机器人应用最广泛的领域是码垛。（　　）

二、思考题
1. 我国现行标准对工业机器人的定义是什么？
2. 我国工业机器人的发展现状如何？

项目 2　初识 ABB 工业机器人

【学习目标】

目标分类	学习目标分解	成果	学习要求
知识目标	了解 ABB 公司	认知	了解
	了解 ABB 工业机器人的型号及分类	认知	了解
	熟悉 ABB 机器人的技术参数	认知	了解
	了解 ABB 机器人的编程方式	认知	了解

【课程体系】

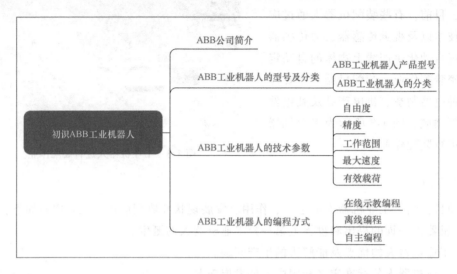

【课程描述】

全球工业机器人有四大品牌：ABB、FANUC、YASKAWA、KUKA。不同品牌的机器人各有其特点，其中 ABB 工业机器人的特点主要有精度高、刚性好、寿命长以及便于集成等。ABB 工业机器人是目前世界上应用最广泛的工业机器人之一。本项目主要介绍 ABB 工业机器人的型号及分类、技术参数和编程方式。

2.1　ABB 公司简介

ABB 公司总部位于瑞士苏黎世，是全球电力和自动化技术领域的领导企业，致力于为电力、工业、交通和基础设施客户提供解决方案，以帮助客户提高生产效率和能源利用率，同时减少对环境的不良影响。ABB 公司的业务遍布全球 100 多个国家，拥有近 14 万名员工。

ABB 公司致力于研发和生产工业机器人已有 40 多年，拥有全球 20 多万套工业机器人的安装经验。作为工业机器人领域的先行者和世界领先的工业机器人制造厂商，ABB 公司在瑞典、挪威、中国等多地设有机器人研发、制造和销售基地。ABB 公司制造的工业机器人广泛应用于焊接、装配、铸造、密封涂胶、材料处理、包装、涂装和水切割等领域。

2.2　ABB 工业机器人的型号及分类

1. ABB 工业机器人产品型号

IRB 型工业机器人是 ABB 标准系列机器人。ABB 工业机器人常用型号及参数见表 2-1。

表 2-1　ABB 工业机器人常用型号及参数

型号	工作范围/m	有效载荷/kg	重复定位精度/mm	机器人质量/kg
IRB 120	0.58	3(4)①	0.01	25
IRB 1200	0.703,0.901	5,7	0.02	52,54
IRB 140	0.81	6	0.03	98

(续)

型号	工作范围/m	有效载荷/kg	重复定位精度/mm	机器人质量/kg
IRB 1410	1.44	5	0.02	225
IRB 1520ID	1.5	4	0.05	170
IRB 2400	1.55	10,16	0.03	380
IRB 4400	1.96	60	0.06	1040

① IRB 120 工业机器人的手腕（轴5）垂直向下时，有效载荷能达到4kg。

2. ABB工业机器人的分类

（1）串联机器人　串联机器人又称关节型机器人（图2-1），是目前应用最多、最广泛的工业机器人之一，其负载能力为3~500kg。这种形式的工业机器人结构紧凑、灵活性大、占地面积小，能和其他工业机器人协同工作；其不足之处是：存在平衡问题，且位置精度较低。

（2）并联机器人　并联机器人（图2-2）有多种类型，有效载荷为1~8kg。并联机器人采用典型的空间并联结构，整体结构精密、紧凑，驱动装置均布于固定平台上，具有承载能力强、刚度大、自重负荷比小以及动态响应好等优点，非常适合生产线上的高速拾放动作。因此，并联机器人被广泛应用于食品、药品、日化和电子等行业的抓取、列整及贴标等作业中。

图2-1　ABB串联机器人

图2-2　ABB并联机器人

2.3　ABB工业机器人的技术参数

工业机器人的技术参数是指各工业机器人制造商在供货时提供的技术数据，也是工业机器人性能的体现。

如图2-3所示，IRB120是ABB推出的一款紧凑、敏捷、轻量化的多用途六轴工业机器人，其自重仅为25kg，有效载荷为3kg（垂直腕为4kg），工作范围达580mm，如图2-4所示。IRB120工业机器人在尺寸大幅度减小的情况下，继承了IRB系列工业机器人的所有功能和技术，为缩减工业机器人工作站占地面积创造了良好条件。紧凑的机型结合轻量化设计，成就了IRB120工业机器人卓越的经济性和可靠性。IRB120工业机器人的最大工作行程为411mm，底座下方拾取距离为112mm，其他技术参数见表2-2。

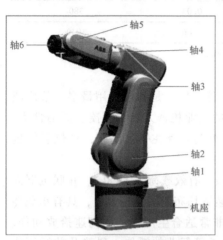

图2-3 IRB120工业机器人

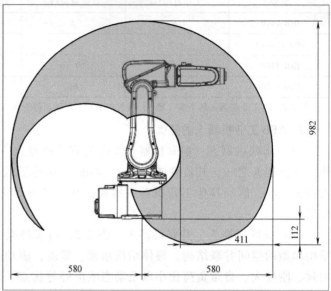

图2-4 IRB120工业机器人的工作范围

表2-2 IRB120工业机器人的技术参数

项目			规格
机械结构			立式关节型机器人
自由度数			6
有效载荷/kg			3(4)
重复定位精度/mm			0.01
机器人质量/kg			25
机器人安装			任意角度
变压器额定功率/kV·A			3.0
机器人机座尺寸/mm			180×180
机器人高度/mm			700
工作范围	腰部转动	轴1	330°(-165°~165°)
	肩部转动	轴2	220°(-110°~110°)
	肘部转动	轴3	160°(-90°~70°)
	手腕偏转	轴4	320°(-160°~160°)
	手腕俯仰	轴5	240°(-120°~120°)
	手腕翻转	轴6	800°(-400°~400°)
最大速度 /(rad/s)(°/s)	腰部转动	轴1	4.36(250)
	肩部转动	轴2	4.36(250)
	肘部转动	轴3	4.36(250)
	手腕偏转	轴4	5.58(320)
	手腕俯仰	轴5	5.58(320)
	手腕翻转	轴6	7.33(420)

2.4 ABB 工业机器人的编程方式

1. 在线示教编程

在线示教编程通常是由操作人员通过示教器控制机械手工具末端达到指定的位置和姿态（统称位姿），记录机器人位姿数据并编写机器人运动指令，完成机器人在正常加工中的轨迹规划、位姿等关键数据信息的采集和记录。

示教完成后，机器人实际运行时将使用示教过程中保存的数据，再经过插补运算就可以再现示教点上记录的机器人位姿。该功能的用户接口是示教器键盘，操作者通过操作示教器，向机器人的控制器发送控制指令，控制器通过运算，完成对机器人的控制。最后，机器人的运动和状态信息也会通过控制器的运算传送到示教器上进行显示，如图 2-5 所示。

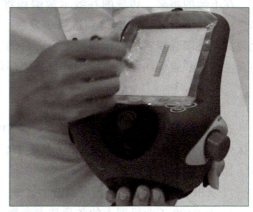

图 2-5 示教器编程

2. 离线编程

离线编程（图 2-6）是利用计算机图形学，通过对工作单元进行三维建模，在仿真环境中建立与现实工作环境对应的场景，采用规划算法对图形进行控制和操作，在不使用实际机器人的情况下进行轨迹规划，从而生成机器人程序。

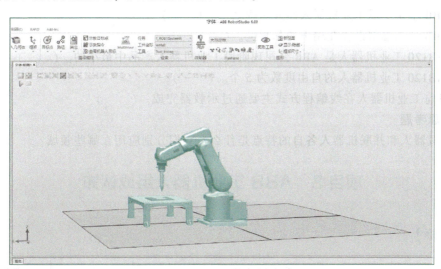

图 2-6 离线编程

3. 自主编程

随着视觉技术、传感技术、互联网与信息技术，以及大数据与增强现实技术等的发展，未来的机器人编程技术将会发生根本性的变革，这种变革主要表现在以下几个方面：

1）基于传感技术、信息和大数据技术，感知、辨识和重构环境及工件等的 CAD 模型，自动获取加工路径的几何信息。

2）基于互联网技术，实现编程的网络化、远程化和可视化。

3）基于增强现实技术，实现离线编程和真实场景之间的互动。

4）利用离线编程技术，根据现场获取的几何信息自主规划加工路径、焊接参数并进行仿真确认。

在不远的将来，传统的在线示教编程将只应用在很少的场合中，如搬运、码垛和点焊等。而离线编程技术将会得到进一步发展，并与CAD/CAM、视觉、传感、互联网、信息、大数据以及增强现实等技术深度融合，自动感知、辨识和重构工件及加工路径等，实现路径的自主规划和自动纠偏，还能做到自适应环境。

【课程总结】

通过本项目的学习，学生应整体了解ABB工业机器人，熟悉ABB工业机器人的型号和大体分类，掌握IRB120工业机器人的关节轴数、有效载荷、工作范围和最大速度等技术参数。具体内容如下：

1）ABB工业机器人的型号及分类。

2）IRB120工业机器人的各项技术参数。

3）ABB工业机器人的编程方式。

【课程练习】

一、判断题

1. ABB不是全球工业机器人四大品牌之一。（　　）
2. ABB公司总部设立在瑞士的苏黎世。（　　）
3. IRB120工业机器人是ABB公司现阶段工业机器人产品中最小的。（　　）
4. IRB120工业机器人的自由度数为5个。（　　）
5. 目前工业机器人在线编程方式主要通过示教器完成。（　　）

二、思考题

串联机器人和并联机器人各自的特点是什么？它们分别应用在哪些领域？

项目3　ABB工业机器人组成认知

【学习目标】

目标分类	学习目标分解	成果	学习要求
知识目标	熟悉工业机器人的两大组成部分	认知	掌握
	了解工业机器人本体部分的组成	认知	了解
	了解工业机器人的驱动系统及传动单元	认知	了解
	了解减速器的工作原理	认知	了解

【课程体系】

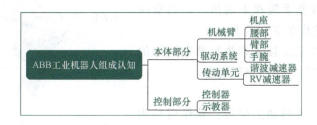

【课程描述】

工业机器人由机器人本体部分和控制部分组成。如图 3-1a 所示，本体部分主要由机械臂、驱动系统、传动单元和内部传感器等组成。控制部分（图 3-1b）由控制器和示教器组成。控制器是根据指令以及传感信息控制机器人完成一定动作或作业任务的装置，是决定机器人功能和性能的主要因素，也是机器人系统中更新和发展最快的部分，其基本功能有示教、记忆、伺服驱动、坐标设定、与外围设备通信、连接传感器、故障诊断和安全保护等。示教器是人机交互装置，通过示教器可以操纵机器人，并对其进行示教编程。

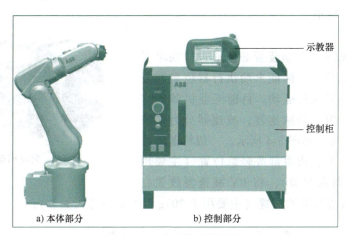

图 3-1 工业机器人的组成

3.1 本体部分

1. 机械臂

关节型工业机器人的机械臂是由关节连在一起的许多机械连杆组成的集合体，它本质上是一个拟人手臂的空间开链式机构，一端固定在机座上，另一端可以自由运动。机械臂大体分为机座、腰部、臂部和手腕四个部分，其中臂部又包括大臂、肘部和小臂，如图 3-2 所示。

（1）机座 机座是机器人的基础部分，起支承作用。

（2）腰部 腰部是机器人手臂的支承部分，根据执行机构坐标系的不同，腰部可以在机座上转动，也可以和机座制成一体。

(3) 臂部　臂部是连接机身和手腕的部分，由动力关节和连接杆件组成，是执行结构中的主要运动部件，用于改变手腕和末端执行器的空间位置，满足机器人的作业空间要求。

(4) 手腕　手腕是连接末端执行器和臂部的部分，用于改变末端执行器的空间姿态。

2. 驱动系统

驱动系统即机器人的动力装置，其作用是为机器人各部分动作提供原动力。工业机器人常用的驱动方式有液压驱动、气压驱动和电气驱动三种，依据需求也可将这三种驱动类型合并为复合式驱动。在工业机器人出现的初期，液压驱动和气压驱动方式使用得较多，随着对机器人作业速度和精度要求的提高，电气驱动目前在机器人驱动中占主导地位。

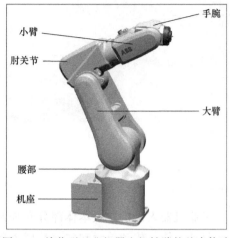

图 3-2　关节型工业机器人机械臂的基本构造

常见的工业机器人驱动电动机是交流伺服电动机，如图 3-3 所示。它主要由定子、转子和编码器三部分构成，其优点是：除轴承外无机械接触点，坚固，便于维护，控制较容易，电路绝缘简单，漂移小。

3. 传动单元

(1) 减速器概述　驱动装置必须通过传动单元带动机械臂产生运动，以保证末端执行器位置和姿态的精准性，从而实现其运动。目前工业机器人广泛采用的机械传动单元是减速器，减速器分为谐波减速器和 RV 减速器，如图 3-4 所示。一般将谐波减速器放置在小臂、手腕或手部等轻载位置（主要用于 20kg 以下的机器人关节），将 RV 减速器放置在机座、腰部、大臂等重载的位置（主要用于 20kg 以上的机器人关节）。

图 3-3　交流伺服电动机

a) 谐波减速器　　　　b) RV 减速器

图 3-4　谐波减速器与 RV 减速器

(2) 减速器的工作原理

1) 谐波减速器。谐波减速器由波发生器、柔轮和刚轮三部分组成。按照波发生器的不同,有凸轮式、滚轮式和偏心盘式三种类型,作为减速器使用时,通常采用波发生器主动、刚轮固定、柔轮输出的形式。其工作原理是:由波发生器使柔轮产生可控的弹性变形,靠柔轮与刚轮啮合来传递动力,并达到减速的目的。将刚轮固定,波发生器沿顺时针方向旋转,柔轮产生弹性变形,与刚轮轮齿啮合的部位顺次移动。波发生器沿顺时针方向旋转180°,刚轮沿逆时针方向移动一个轮齿。由于柔轮的齿数比刚轮少两个,因此波发生器旋转一周(360°),刚轮沿逆时针方向移动两个轮齿,通常将该运动传递作为输出。

如图3-5所示,当波发生器转动一周时,柔轮向相反的方向转动了大约两个轮齿的角度。谐波减速器传动比大、外形轮廓小、零件数目少且传动效率高,其单机传动比可达到50~4000,而传动效率高达92%~96%。

图3-5 谐波减速器的结构及工作原理

2) RV减速器。RV减速器由齿轮轴、行星轮、曲轴、RV齿轮(摆线轮)、针轮、刚性盘和输出盘组成,如图3-6所示。它分为两级减速:第一级减速是由齿轮轴将电动机的旋转运动传递给两个渐开线行星轮;第二级减速是行星轮的旋转运动通过曲轴带动相距180°的摆线齿轮,从而产生RV齿轮的公转。同时,由于RV齿轮在公转过程中受到针齿的作用力而形成与其公转方向相反的力矩,也造成了RV齿轮的自转运动。RV传动是一种较新的传动方式,它是在传统摆线针轮行星传动的基础上发展而来的,不仅克服了一般摆线针轮行星传动的缺点,而且具有体积小、重量轻、传动比范围大、寿命长、精度保持性好、效率高和

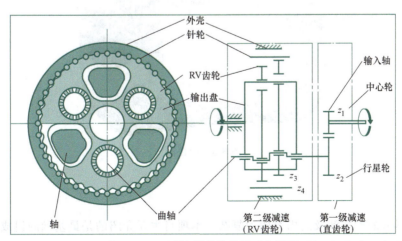

图3-6 RV减速器的结构及工作原理

传动平稳等一系列优点。

3.2 控制部分

1. 控制器

机器人的控制系统相当于它的大脑，是决定机器人作用和功能的主要部分。机器人的控制器（图3-7）是根据指令以及传感信息控制机器人完成一定动作的装置，它通过各种控制电路硬件和软件的结合，并协调机器人与生产系统中其他设备的关系来操纵机器人。

图3-7 控制器

2. 示教器

示教器（图3-8）是机器人的人机交互装置，机器人的所有操作都通过它来完成。示教器是专用的智能终端装置，具有编程简单、便于控制和运用等特点。

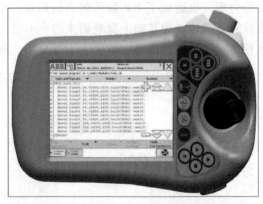

图3-8 示教器

【课程总结】

工业机器人的构成涉及的内容较为复杂，本项目主要介绍的是最基础的组成部分：本体部分和控制部分，主要内容如下：

1）本体部分由机械臂、驱动系统、传动单元和传感器等部分组成。
2）驱动系统主要使用交流伺服电动机。
3）传动单元中谐波减速器、RV减速器的特点及原理。
4）控制部分由控制器和示教器组成。

【课程练习】

一、判断题

1. 工业机器人由本体部分和控制部分组成。（   ）
2. 本体部分中不包括驱动系统和传动单元。（   ）
3. 驱动系统中电动机一般采用步进电动机。（   ）
4. 控制柜是机器人的大脑，决定着机器人的功能。（   ）

二、思考题

1. 机器人本体由哪些部分组成？
2. 机器人中的驱动系统是什么？靠什么实现机器人的精准定位？

情境2 开机与简单操纵工业机器人

项目4 工业机器人安全操作规范

【学习目标】

目标分类	学习目标分解	成果	学习要求
知识目标	了解操纵工业机器人的安全规范	认知	了解
	了解工业机器人的安全注意事项	认知	了解
	学会在紧急状态下如何操作	认知	掌握
	掌握如何恢复报警状态的操作	认知	掌握

【课程体系】

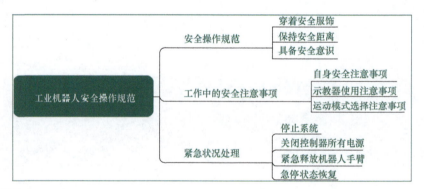

【课程描述】

安全是人们从事生产活动的第一要务，操纵工业机器人之前需要掌握其安全操作规范，在保证自身安全的同时，也保护了他人的利益。为了安全使用工业机器人，必须了解其所处环境的要求和安全操作规范，并且能够快速、准确地使用安全设备。

本项目以安全为出发点，主要介绍了工业机器人的安全操作规范和注意事项。在使用过程中，不仅要确保人身安全，还要保障设备安全，4.2节介绍了在使用设备时的一些注意事项；4.3节介绍了发生紧急情况时的处理措施，包括按下急停按钮后的相关操作。

4.1 安全操作规范

操纵工业机器人时，需要穿戴适合作业内容的工作服、安全鞋和安全帽等，如图 4-1 所示。在工业机器人自动运行过程中应与其保持安全距离，尽量在黄色标示线外观察机器人的运行情况，同时应具备以下安全意识：

1）必须知道机器人控制器和外围控制设备上的急停按钮的位置，在紧急情况下应立刻按下急停按钮，如图 4-2 所示。

2）在操作机器人之前，须确认其外围设备没有异常或危险状况。

3）当机器人在工作区域示教编程时，应安排相应看守人员，以保证机器人在紧急情况下能迅速停止运动。

4）示教和点动机器人时不要戴手套操作，点动机器人时应尽量采用低速操作，以保证遇到异常情况时可有效控制机器人停止驱动。

5）不要在机器人处于不动状态时就认为其已经停止，它很有可能在等待继续运动的输入信号。

图 4-1　工作服穿戴要求

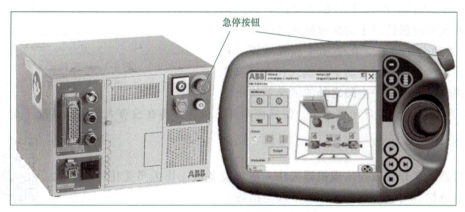

图 4-2　控制器和示教器的急停按钮

4.2　工作中的安全注意事项

机器人虽然运动速度慢，但是力度很大，运动中的停顿或停止都可能产生危险。即使可以预测其运动轨迹，但外部信号有可能改变机器人的动作，使其在没有任何警告的情况下产生意料不到的运动。因此，在进入机器人工作区域前，应确保严格执行所有的安全守则。

1. 自身安全注意事项

1）当进入工作区域时，应准备好示教器，以便随时控制机器人。

2）注意处于旋转或运动状态的工具，如切削工具等，确保在接近机器人之前，这些工具已经停止运动。

3）机器人电动机长期运转后温度很高，注意不要被工件和机器人的高温表面烫伤。

4）确保夹具夹紧工件，如果夹具未夹紧工件，则可能导致工件脱落，而造成人员伤害或设备损坏。必须按照正确方法操作夹具，否则也会导致人身伤害。

5）注意液压、气压系统以及带电部件。即使在发生紧急状况后立刻断电，这些电路上的残余电量也可能造成危害。

2. 示教器使用注意事项

1）使用示教器的过程中切勿摔打、抛掷或用力撞击，这样会导致示教器破损或发生故障。

2）如果示教器受到撞击，必须确认其安全装置（驱动装置和紧急停止按钮）能正常工作。

3）设备使用完毕后，应将其放置于立式壁架上，以防止意外掉落。

4）使用和存放示教器时，应始终确保电缆不会将人绊倒。

5）切勿使用锋利的物体（如螺钉旋具或笔尖）操作触摸屏。

3. 运动模式选择注意事项

如图 4-3 所示，运动模式分为手动减速模式、手动全速模式和自动模式三种。

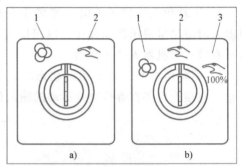

1）手动减速模式。在手动减速模式下，机器人只能减速（小于或等于 250mm/s）运行（移动）。只要有工作人员在安全保护空间内活动，机器人就应保持以手动减速模式运行。

2）手动全速模式。在手动全速模式下，机器人以预设速度移动。手动全速模式仅在所有工作人员都位于安全保护空间之外的情况下使用。

图 4-3 运动模式
1—自动模式 2—手动减速模式 3—手动全速模式

3）自动模式。在自动模式下，使能键断开，机器人将在没有人干预的情况下运行。

4.3 紧急状况处理

当机器人工作区域内出现机器人伤人损坏设备或工作人员受困于机器人手臂等紧急情况时，应立即采取以下应急措施：

1）停止系统。当机器人伤人或损坏设备时，应立即按下急停按钮。

2）关闭控制器所有电源。控制器的每个模块上均有一个主电源开关，为确保控制器完全断电，必须关闭所有模块上的主电源开关。IRC5 控制器主电源开关位于其左下角，制动闸按钮位于其右上方，如图 4-4 所示。

图 4-4 主电源开关和制动闸按钮

3)紧急释放机器人手臂。如果有工作人员受困于机器人手臂,必须立刻解救该工作人员,以避免产生进一步伤害。释放机器人制动闸按钮后,可以手动移动机器人手臂来解救受困人员。

4)急停状态恢复。紧急停止状态恢复是一个简单却非常重要的步骤,此步骤可确保控制系统只有在危险完全排除后才会恢复运行。如图4-5所示,按下上电/复位按钮,使机器人从紧急停止状态恢复至正常操作。

图 4-5　上电/复位按钮

【课程总结】

通过本项目的学习,学生应了解使用机器人时保障自身和设备安全的操作规范及注意事项。具体内容如下:
1)工作服的穿戴和与机器人保持安全距离。
2)自身安全、示教器使用和运动模式选择的注意事项。
3)遇到紧急情况时的处理方法和急停状态恢复方法。

【课程练习】

一、判断题
1. 操纵工业机器人时可以穿戴工作牌、领带、项链和手套等。(　　)
2. 在运行机器人系统之前,应确保外围设备没有异常或危险状况。(　　)
3. 机器人处于不运动的状态代表其停止运行了。(　　)
4. 可以使用锋利的锥类物体操作示教器触摸屏。(　　)
5. 示教器使用完毕后可以随意放置。(　　)

二、简答题
如图4-6所示,在按下急停按钮后又按了上电/复位按钮,但机器人仍然无法正常运行。这时该如何操作?

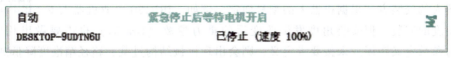

图 4-6　简答题图⊖

⊖ 图4-6中出现的"电机"一词应为"电动机",为体现软件界面原貌,保留"电机"。

项目 5 开机起动工业机器人

【学习目标】

目标分类	学习目标分解	成果	学习要求
知识目标	了解机器人的安装方式和重力参数	认知	了解
	了解机器人、控制器各接口连接位置	认知	了解
	熟悉控制器与机器人的基本连接步骤	认知	了解
技能目标	在示教器中找到重力参数的位置	行动	掌握
	完成工业机器人的开机起动	行动	掌握

【课程体系】

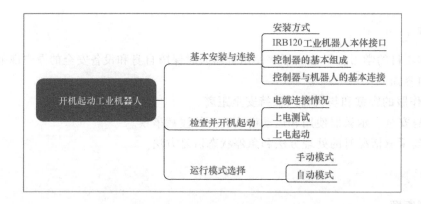

【课程描述】

在掌握了安全操作规范的前提下，本项目介绍工业机器人的起动方法，包括工业机器人的常见安装方式，IRB120 工业机器人本体上的接口，控制器的基本组成，控制器与机器人的基本连接，在确保控制器和机器人示教器的电缆全部连接正确并排除电路短路的情况下接通电源并开机起动，以及运行模式的选择方法。

5.1 基本安装与连接

1. 安装方式

机器人的安装方式根据机器人的型号而定。例如，IRB120 工业机器人支持任意角度的安装，但安装角度发生改变后的重力参数（Gravity）也需要做出相应修改。如果重力参数定义错误或未按要求定义，则会出现机械结构过载、路径精准度降低或影响载荷的计算等严重错误。

重力参数分为 Gravity Alpha 和 Gravity Beta，两者的异同点见表 5-1。

表 5-1　两种重力参数的异同点

名称	Gravity Alpha	Gravity Beta
不同点	沿 X 轴的正旋	沿 Y 轴的正旋
相同点	1) 都是基于基坐标系 2) 单位都是 rad，取值范围为 -6.283186 ~ 6.283186 3) 默认值都为 0（即地面安装方式）	

如果以其他任何角度安装机器人，则必须更新重力参数 Gravity Beta，即重新计算并指定机器人的安装角度（单位为 rad）。Gravity Beta 的计算公式为

$$\text{Gravity Beta} = 安装角度 \times \frac{\pi}{180} \approx 45° \times 3.141593/180\text{rad} \approx 0.785398\text{rad}$$

如图 5-1 所示，机器人有四种常见的安装方式，其安装角度和重力参数值 Gravity Beta 见表 5-2。

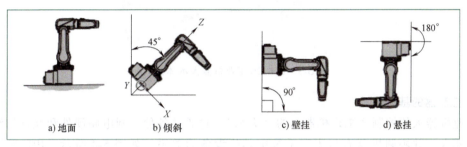

图 5-1　四种常见的机器人安装方式

表 5-2　机器人的安装角度和重力参数值

位置示例	安装角度(°)	Gravity Beta/rad
地面	0	0.000000（默认值）
倾斜	45	0.785398
壁挂	90	1.570797
悬挂	180	3.141593

采用倾斜、壁挂或悬挂安装方式时，一定要设置好机器人的重力参数值，并且必须掌握其具体位置和计算公式。打开 ABB 菜单栏的"控制面板"，单击"配置"，在"Motion"中单击"Robot"选项，再单击当前的机械装置，进入后修改相应参数，如图 5-2 所示。

2. IRB120 工业机器人本体接口

IRB120 工业机器人的机座和四轴上的相关接口如图 5-3 所示，其中机座

图 5-2　重力参数具体位置

上包含动力电缆接口、编码器电缆接口、四路集成气源接口（最大压力0.5MPa）和十路集成信号源接口；四轴上的接口是机座上集成信号源接口和集成气源接口的分支接口，机器人内部安装相关电路和气路，实现机座与四轴的集成信号源与气源相通。

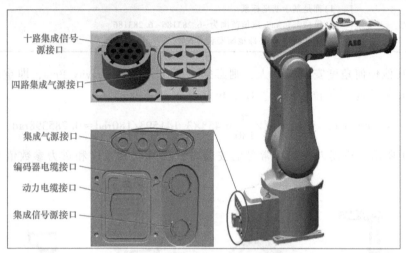

图 5-3　IRB120 工业机器人本体接口

3. 控制器的基本组成

工业机器人的控制系统是机器人的"大脑"，它通过各种控制电路硬件和软件的结合来操纵机器人，并协调机器人与生产系统中其他设备的关系。如图 5-4 所示。IRB 采用的是 IRC5 紧凑型控制器，如图 5-4 所示。其中，各部件的功能描述见表 5-3。

图 5-4　IRC5 紧凑型控制器

表 5-3　控制柜说明

部件名称	功能描述
示教器电缆接口	用于连接机器人示教器的接口
伺服电缆接口	用于连接机器人与控制器动力线的接口

（续）

部件名称	功能描述
编码器电缆接口	与机器人本体连接的接口，用于控制器与机器人本体间的数据交换
电源电缆接口	为机器人各轴运动提供电源
电源开关	用于关闭或启动控制器
急停输入接口	用于连接机器人的急停控制，其中 ES 是紧急停止，AS 是自动模式急停，GS 是常规模式停止
急停按钮	紧急情况下，按下急停按钮可停止机器人动作
上电/复位按钮	用于从紧急停止状态恢复到正常状态
运动模式旋钮	用于切换机器人的运动模式
制动闸按钮	用于释放动力，使机器人各轴处于可手动调整的状态
标准 I/O 板接口	标准 I/O 板的接线端口

4. 控制器与机器人的基本连接

机器人本体与控制器间的连接主要有机器人动力电缆的连接、编码器电缆的连接和主电源电缆的连接。

（1）动力电缆的连接　将机器人动力电缆的一端连接到机器人本体机座接口，如图 5-5a 所示；另一端连接到控制器上对应的接口，如图 5-5b 所示。

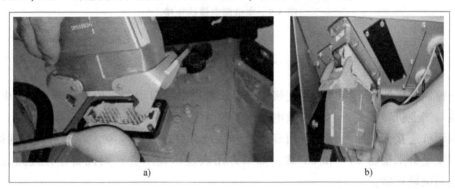

图 5-5　动力电缆连接至控制器与机器人本体

（2）编码器电缆的连接　将机器人编码器电缆（SMB）的一端连接到机器人本体机座接口，如图 5-6a 所示；另一端连接到控制器上的对应接口，如图 5-6b 所示。

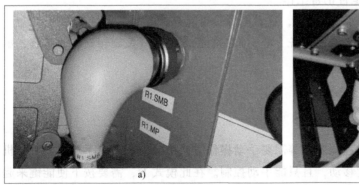 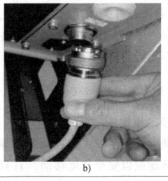

图 5-6　编码器电缆连接至控制器与机器人本体

（3）主电源电缆的连接　在控制器柜门内侧贴有一张主电源连接指引图，可根据该指引图进行连接。根据控制器的不同，所使用的电源也有所不同，IRC5 紧凑型控制器使用 AC 220V 即可。

主电源电缆的连接操作如下：

1）将主电源电缆从控制器下方接口穿入，如图 5-7a 所示。

2）将主电源电缆中的地线接入控制器上的接地点（标有"PE"字样处），如图 5-7b 所示。

图 5-7　主电源电缆的连接

5.2　检查并开机起动

检查控制器后的各个接口是否连接正确，示教器电缆与示教器是否相连，动力电缆、编码器电缆与工业机器人是否相连以及电源电缆与 AC 220V/50Hz 电源是否相连。

确认硬件连接无误后，使用万用表测量电路是否存在短路现象。将万用表调到通断档，然后用两支笔分别接触 24V 和 0V 线：如果万用表发出提示音，则说明存在短路现象；反之，则说明电路正常。

上电测试步骤如下：

1）总电源供电，总的断路器合闸，用万用表测试电压是否为 220V。

2）在控制器上旋转电源开关接通电源，电源指示灯亮，用万用表检测交流接触器是否输出 220V，观察各元件是否正常工作。

3）将电源开关旋转到断开位置，查看电源是否断开，电源指示灯应熄灭。

检查完毕后，闭合断路器使设备上电，将控制器的电源开关旋转到接通状态，示教器出现选项界面后便可进行下一步操作。

5.3　运行模式选择

1. 手动模式

手动模式是示教、编程和调试等需要手动操作时使用的模式。在手动模式下，机器人只能减速移动或以安全速度移动，且只能手动控制。在此模式下，需要按下使能键来起动机器人电动机。手动模式下相关程序的调试详见情境 4 中的轨迹实训相关内容。

2. 自动模式

在自动模式下禁止使用使能键及绝大部分示教器选项,以免机器人在没有人工干预的情况下进行运动。通常情况下,生产过程中的机器人系统都运行在自动模式下。如图 5-8 所示,将机器人的运行模式切换为自动模式,按下上电按钮,指示灯亮起。

当切换到自动模式时,示教器的显示屏上弹出"警告"对话框,如图 5-9 所示。单击"确定"按钮,进入自动生产窗口,或在 ABB 菜单栏下单击自动生产窗口选项进入。

图 5-8 运行模式和上电按钮

如果自动生产窗口不显示相关程序,则可单击"PP 移至 Main",将程序添加到自动生产窗口并移至程序的开始点处。当窗口显示当前可以自动运行的程序后,按下示教器上的"开始"按钮,机器人就开始自动执行当前程序。

图 5-9 "警告"对话框和自动生产窗口

【课程总结】

通过本项目的学习,学生可以操纵设备正常起动,并使机器人在自动模式下自动运行程序。主要内容如下:

1) 机器人常用安装方式和参数设置。
2) IRB120 工业机器人本体的接口位置及作用。
3) 控制器的基本组成及其与机器人的连接。
4) 检查完毕后开机运行的方法。
5) 运行模式的选择。

【课程练习】

一、判断题

1. 无须在意机器人的安装方式,因其对机器人的工作影响不大。(　　)

2. IRB120机器人本体上的接口都是单独使用的，不存在相通的情况。（ ）
3. 控制器接通电源后便可以正常起动。（ ）
4. 工业机器人的运行模式分为自动模式和手动模式。（ ）
5. 使用示教器时，通常需要将运行模式切换到手动模式。（ ）

二、操作题

1. 假设机器人悬挂安装，使用示教器修改重力参数。
2. 检查工业机器人与控制器的连接情况，并使用万用表上电测试电源连接情况。
3. 闭合电源开关使机器人上电并开机运行工业机器人。
4. 操纵机器人起动并在自动模式下自动运行一段程序，运行完毕后切换回手动模式并将示教器正确放回。

项目6　熟悉并简单使用示教器

【学习目标】

目标分类	学习目标分解	成果	学习要求
知识目标	了解示教器的组成	认知	了解
	掌握示教器按键的组成及作用	认知	掌握
	掌握显示界面的快速设置	认知	掌握
技能目标	使用示教器设置中文语言	行动	掌握
	通过示教器查看日志信息	行动	掌握
	使用示教器改变手动操纵速度为50%	行动	熟练掌握
	使用示教器备份当前系统并恢复	行动	熟练掌握

【课程体系】

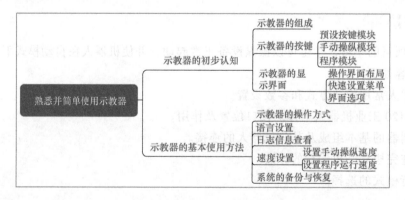

【课程描述】

示教器是用来操纵机器人的装置，应熟练掌握其使用方法。本项目从示教器的组成开始，介绍其按键、显示界面、快速设置菜单三部分的组成及含义；通过一些示教器的操作实例，介绍其具体使用方法。

首先介绍示教器的按键，按键可分为三个模块，分别是预设按键模块、手动操纵模块和程序控制模块。然后介绍示教器显示屏的整体界面布局，包括最常用的选项说明和快速设置方法。熟悉示教器后，可以在手动模式下正确操作示教器来修改时间、查看日志、修改速度以及备份与恢复系统等。

6.1 示教器的初步认知

示教器是以微处理器为核心的手持操作单元，它通过电缆与控制装置相连，一般采用串行通信方式。示教器面板上有数字显示字符和许多按键，以便操作者移动机器人手臂或输入各种功能、数据时观察和使用。

1. 示教器的组成

如图 6-1 所示，示教器由显示屏、急停按钮、控制杆、按键、USB 端口、使动装置、重置按钮和触摸笔组成。其中控制杆用于操纵机器人运动；使动装置也称为使能键，用于控制电动机的开启和防护装置的停止。

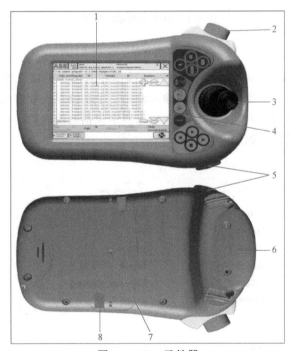

图 6-1 ABB 示教器

1—显示屏 2—急停按钮 3—控制杆 4—按键 5—USB 端口 6—使动装置 7—重置按钮 8—触摸笔

2. 示教器的按键

示教器的按键如图 6-2 所示，分为三大模块：第一个模块为预设按键模块，用于用户根据需求定义预设按键；第二个模块是手动操纵模块，含有选择机械单元、切换线性/重定位操作模式、切换轴 1~3/轴 4~6 轴操作模式和切换增量四个按键，用于手动操纵的快捷操作；第三个模块是程序模块，含有启动、暂停、步进和步退四个程序按键，用于程序运行或调试时的控制。

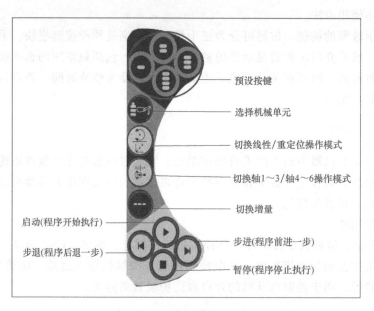

图 6-2　ABB 示教器的按键

3. 示教器的显示界面

（1）操作界面布局　　ABB 机器人示教器的操作界面包含机器人参数设置、机器人编程及系统相关设置等选项。常用的选项包括输入输出、手动操纵、程序编辑器、程序数据、校准和控制面板。操作界面上方是状态栏，在状态栏中包括系统名称、机器人运动模式、电动机开启状态和速度等信息，如图 6-3 所示。

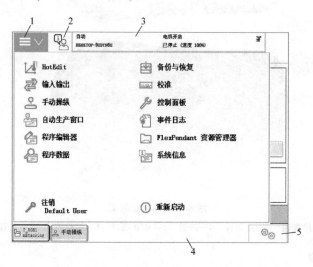

图 6-3　ABB 示教器显示界面

1—ABB 菜单　2—操作员窗口　3—状态栏　4—任务栏　5—快速设置菜单

（2）快速设置菜单　　在示教器触摸屏的右下角有手动操纵的快捷设置菜单，单击右下角的"快捷设置菜单"按钮，弹出图 6-4 所示的菜单栏。菜单栏上一共有六个选项，都是用于手动操纵的快捷方式，如切换工具数据、切换运动方式、改变运行模式及调节速度等。

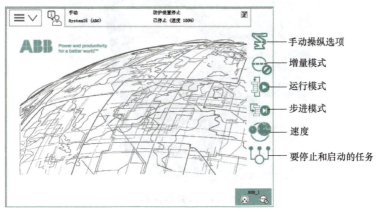

图 6-4　快速设置菜单

（3）界面选项　界面选项体现了示教器的主要功能，是功能最全的部分。界面选项中的常用选项有手动操纵、输入输出、程序编辑器和程序数据等。相关选项说明见表 6-1。

表 6-1　界面选项说明

选项名称	说明
HotEdit	程序模块下轨迹点位置的补偿设置窗口
输入输出	设置及查看 I/O 视图窗口
手动操纵	包括动作模式设置、坐标系选择、操纵杆锁定及载荷属性的更改窗口
自动生产窗口	在自动模式下,可直接调试并运行程序
程序编辑器	建立程序模块及例行程序的窗口
程序数据	选择编程时所需程序数据的窗口
备份与恢复	可备份和恢复系统
校准	进行转数计数器和电动机校准的窗口
控制面板	进行示教器的相关设定和控制器配置等参数设置
事件日志	查看系统出现的各种提示信息
资源管理器	查看当前系统的系统文件
系统信息	查看控制器及当前系统的相关信息

6.2　示教器的基本使用方法

1. 示教器的操作方式

操作示教器时，惯用右手的人用左手持设备，左手穿过防护带轻放在使能键上托住示教器，右手拿触摸笔在触摸屏上执行操作，如图 6-5 所示。使能键分为三个档位，在手动操纵机器人前需要轻按使能键，使其处于中间档位，此时电动机处于开启状态能够手动操纵机器人运行；松开或重按使能键时，防护装置处于停止状态，此时不能手动操纵机器人。在不需要调试机器人运动时应及时松开使能键。

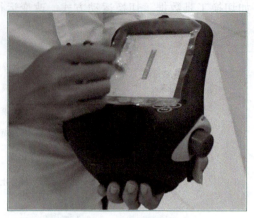

图 6-5　示教器握姿

2. 语言设置

示教器出厂时，其默认的语言是英文，掌握示教器的语言设置方法是使用示教器的关键。

1）打开 ABB 的菜单栏，在"Control Panel"中选择"Language"，如图 6-6 所示。

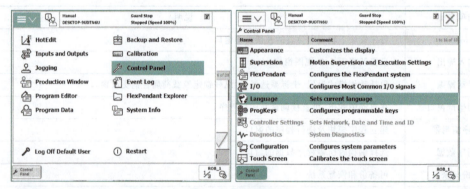

图 6-6　语言选择

2）如图 6-7 所示，在弹出的窗口中选择"Chinese"，单击"OK"按钮后选择"YES"重启系统。重启完成后相关界面的语言就会更改成中文。

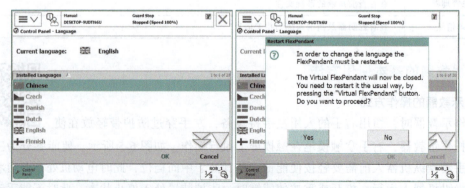

图 6-7　设置中文语言

3. 日志信息查看

日志中包含相关事件的信息，查看相关事件的错误代码能够快速锁定错误原因，方便解决问题。单击状态栏可以快速查看日志信息，通过单击 ABB 菜单栏中的"事件日志"选项也可以查看日志信息。日志信息还支持删除、另存为等操作，如图 6-8 所示。

4. 速度设置

（1）设置手动操纵速度　在使用示教器手动操纵机器人运动前，需要对速度进行设置，掌握好摇杆操纵机器人运动速度的大小，才能更快速、更稳定、更安全地点动机器人，使机器人运动到理想位置。如图 6-9 所示，手动操纵速度是指使用摇杆手动操纵机器人运动的速度，在快捷设置菜单的"手动操纵"选项中，可对其速度大小进行调节。

图 6-8　事件日志

（2）设置程序运行速度　状态栏中的速度是指程序运行速度的百分比，该数值越大，机器人自动运行的速度就越快。调试程序时应尽量降低机器人的运行速度，以免发生意外。可以对当前运行速度进行微调，也可以直接单击下方"0%""25%""50%""100%"进行快速设置，如图 6-10 所示。

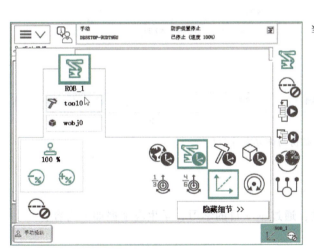

图 6-9　手动操纵速度设置

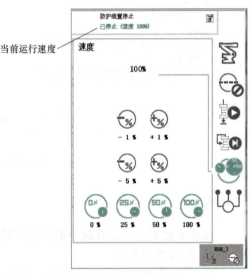

图 6-10　运行速度设置

5. 系统的备份与恢复

机器人能正常工作后，需要对当前的程序和系统进行备份，以方便后续维护。当机器人出现问题，需要返回机器人正常工作状态时，可以通过恢复系统的操作来实现。

1）在 ABB 主菜单栏下选择"备份与恢复"，然后在弹出的界面中选择备份或恢复系统，如图 6-11 所示。

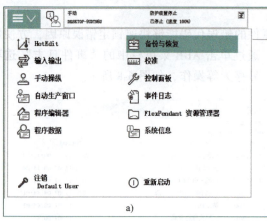
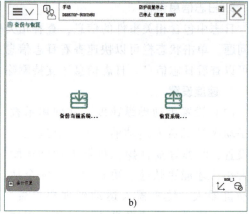

图 6-11 "备份与恢复"选项

2）如图 6-12a 所示，在"备份当前系统"下单击"ABC"按钮，对文件夹名称进行更改；单击"..."按钮，选择备份路径，完成后单击"备份"。系统的恢复如图 6-12b 所示，单击"..."按钮根据需要选择之前的备份文件夹，单击"恢复"即可。

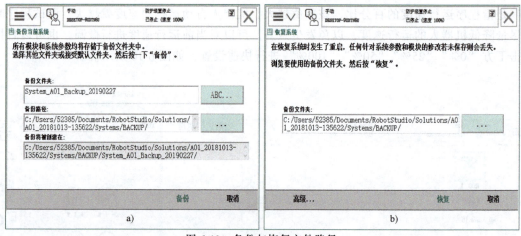

图 6-12 备份与恢复文件路径

【课程总结】

熟悉示教器并掌握其简单的使用方法，通过本项目的学习，学生应掌握如下内容：
1）示教器的组成。
2）示教器快捷键和显示界面的认知。
3）使用示教器的正确握姿。
4）用示教器设置语言、查看日志和设置速度。
5）系统备份与恢复操作。

【课程练习】

一、判断题

1. 示教器是操纵机器人的一种交互装置。（　　）

2. 示教器的快捷键可以切换机器人的运动模式，但不能切换运行模式。（　　）
3. 示教器的使能键可以控制电动机开启和防护装置的停止。（　　）
4. 通过示教器中的"事件日志"可了解机器人的状态及相关错误信息。（　　）
5. 机器人系统是固定的，不能进行备份和恢复操作。（　　）

二、简答题

1. 试述图 6-13 所示圆圈标示的示教器各部件名称。

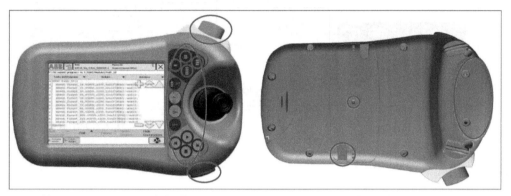

图 6-13　示教器的组成

2. 示教器侧面"ENABLE"按钮只有在适度按下时机器人才能手动操纵，当松开或者按紧时便自动断电，这样设计的理由是什么？

三、操作题

1. 将示教器语言更改为中文后重新启动。
2. 将示教器摇杆的操作速度更改为 80%。
3. 备份当前系统并恢复系统一次。

项目 7　工业机器人手动操纵

【学习目标】

目标分类	学习目标分解	成果	学习要求
知识目标	了解三种运动模式的含义	认知	了解
	了解机器人手动操纵的三种运动模式	认知	掌握
	了解重定位运动的意义	认知	掌握
	了解转数计数器需要更新的情况	认知	掌握
技能目标	手动操纵机器人单轴运动	行动	熟练掌握
	手动操纵机器人线性运动	行动	熟练掌握
	手动操纵机器人重定位运动	行动	熟练掌握
	独立完成更新转数计数器操作	行动	熟练掌握

【课程体系】

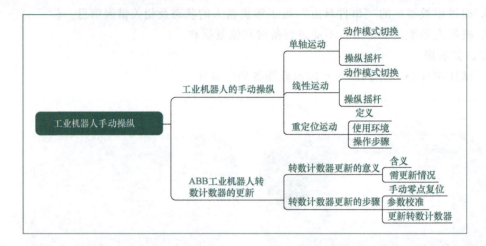

【课程描述】

只有掌握了示教器的基本操作方法，才能更熟练地切换动作模式，从而更高效、更安全地操纵工业机器人运动。手动操纵的相关操作都需要在手动模式下完成，因此应先确定机器人处于手动运行模式。手动操纵机器人动作分为单轴运动、线性运动和重定位运动三种动作方式，应根据不同情况选择相应的运动模式。图7-1所示，"轴1-3"和"轴4-6"属于单轴运动。

图 7-1 运动模式

7.1 工业机器人的手动操纵

1. 单轴运动

一般来说，ABB机器人的六个伺服轴电动机分别用来驱动机器人的六个关节轴，每次手动操纵只控制一个关节轴的运动称为单轴运动。

单轴运动时每一个轴都可以单独运动，因此在一些特殊场合使用单轴运动方式会很方便。例如，在进行转数计数器更新时或机器人出现机械限位和软件限位（即超出移动范围而停止）时，可以利用单轴运动的手动操纵将机器人移动到合适的位置。单轴运动在用于粗略的定位和较长距离的移动时，会比其他的手动操纵模式方便快捷很多。

（1）动作模式切换　按下示教器手动操纵按键中的关节运动按键进行轴1~3、轴4~6运动的切换，在显示屏的右下角确定当前动作模式。打开示教器的主界面，选择"手动操纵"，单击"动作模式"，然后选择"轴1-3"或"轴4-6"也可以切换动作模式，如图7-2所示。

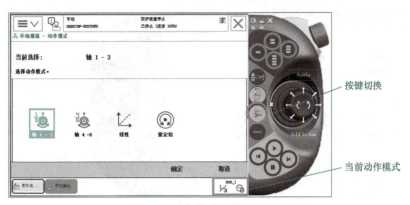

图 7-2　动作模式切换（一）

（2）操纵摇杆　切换为关节运动模式后，确定控制器的运行模式为手动模式，按下使能键，并在状态栏中确认已正确进入电动机开起状态。手动操纵摇杆，观察机器人的运动情况。关节运动控制摇杆说明见表 7-1。

表 7-1　关节运动控制摇杆说明

控制摇杆	控制杆方向	"轴 1-3"模式	"轴 4-6"模式
	←→	1 轴	4 轴
	↑↓	2 轴	5 轴
	↻↺	3 轴	6 轴
	↗↙	1、2 轴联动 1	4、5 轴联动 1
	↖↘	1、2 轴联动 2	4、5 轴联动 2

2. 线性运动

机器人的线性运动是指安装在机器人第 6 轴法兰盘上的工具中心点 TCP（Tool Center Point）在空间中所做的线性运动，即 TCP 在空间中沿某个坐标系的 X、Y、Z 轴所做的线性运动，由于其移动幅度较小，因此适合做较为精确的定位和移动。手动操纵机器人进行线性运动的方法如下。

（1）动作模式切换　在示教器的手动操纵按键中按下线性运动按键，进行线性运动和重定位运动的切换，在显示屏的右下角确定当前动作模式。打开示教器的主界面，选择"手动操纵"，单击"动作模式"，然后选择"线性运动"和"重定位运动"也可以切换动作模式，如图 7-3 所示。

（2）操纵摇杆　切换为线性运动模式后，确定控制器的运行模式为手动模式，按下使能键，并在状态栏中确认已正确进入电动机开起状态，手动操纵摇杆并观察机器人的运动情况。线性运动控制摇杆说明见表 7-2。

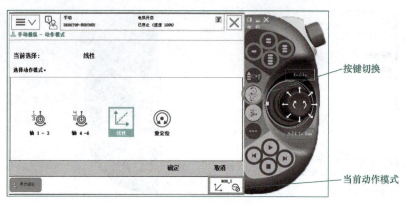

图 7-3 动作模式切换（二）

表 7-2 线性运动控制摇杆说明

控制摇杆	控制杆方向	线性运动模式
	← →	左右直线运动
	↑ ↓	前后直线运动
	↻ ↺	上下直线运动
	↗ ↙	斜线运动 1
	↖ ↘	斜线运动 2

3. 重定位运动

机器人的重定位运动是指机器人第 6 轴法兰盘上的 TCP 或新创建的工具 TCP 绕着坐标轴旋转的运动，也可以理解为机器人绕着工具 TCP 做姿态调整的运动，这也是检验新创建的工具 TCP 是否准确的标准。

重定位运动时可以在手动操纵界面下确定当前的工具坐标，所选择的工具坐标不同，机器人围绕的对象不同，其运动也会不同。如图 7-4 所示，当前工具坐标为 tool1。

重定位运动的相关操作与单轴运动、线性运动相同，即按下使能键，并在状态栏中确认已正确进入电动机开起状态，手动操纵机器人控制手柄，完成机器人绕着工具 TCP 做姿态调整的运动。以工具坐标 tool1 为当前工具坐标的运动如图 7-5 所示。

7.2 ABB 工业机器人转数计数器的更新

为保证工业机器人电动机转数的精准程度，在出厂时设置了各个关节轴的原点位置，并在基座铭牌上标明了各个轴的偏移参数（用于编辑电动机校准参数的设置）。下面来介绍需要进行转数计数器更新的情况以及转数计数器的更新方法。

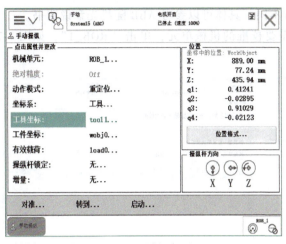

图 7-4 工具坐标系

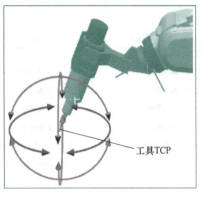

图 7-5 重定位运动

1. 转数计数器更新的意义

机器人转数计数器的功能是计算各轴电动机在齿轮箱中的转数。ABB 机器人在出厂时都有一个固定的值作为每个关节轴的机械原点位置,如果此值丢失,机器人将不能执行任何程序。如果出现以下情况,则需要对机械原点的位置进行转数计数器的更新操作:

1) 更换伺服电动机转数计数器电池后。
2) 转数计数器因发生故障而进行修复后。
3) 转数计数器与测量板之间断开过以后。
4) 断电后,机器人关节轴发生了移动。
5) 系统报警提示 "10036 转数计数器未更新" 时。

2. 转数计数器更新的步骤

转数计数器更新的操作步骤如下:

1) 需要更新转数计数器时,只能在手动模式下对机器人进行单轴运动的操纵,其他动作模式均无法使用。用快捷键选择对应的轴动作模式("轴 4-6" 或 "轴 1-3"),按照轴 4→5→6→1→2→3 的顺序依次将机器人的六个关节轴转到机械原点位置,如图 7-6 所

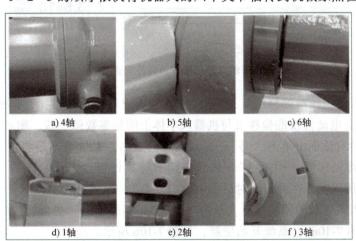

图 7-6 机器人各关节轴的机械原点位置

示。不同型号机器人的机械原点位置会有所不同，具体可以参考 ABB 随机光盘说明书。

2) 在主菜单界面选择"校准"，选择需要校准的机械单元，单击"ROB_1"，如图 7-7 所示。

图 7-7　选择需要校准的机械单元

3) 在"校准参数"选项卡下单击"编辑电机校准偏移"，如图 7-8a 所示，并在弹出的对话框中选择"是"选项，以便重新进行转数计数器的更新操作。在弹出的编辑电动机校准偏移界面中，先将机器人本体上的电动机校准偏移数值记录下来，然后参照偏移参数对六个轴的校准偏移值进行修改，如图 7-8b 所示。

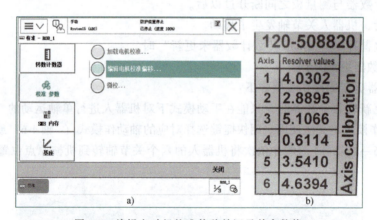

图 7-8　编辑电动机校准偏移并记录其参数值

4) 输入所有新的校准偏移值后，单击"确定"，重新启动示教器，如图 7-9a 所示。如果示教器中显示的电动机校准偏移值与机器人本体上的标签数值一致，则不需要进行修改。

5) 在弹出的对话框中单击"是"，完成系统的重启。系统重启后将重新进入示教器的"校准"菜单，首先选择"ROB_1"，然后选择"转数计数器"选项下的"更新转数计数器"，如图 7-9b 所示，并在弹出的对话框中单击"是"，确定更新。

6) 系统弹出要更新的轴的界面，单击"全选"，然后单击"更新"，在弹出的对话框中单击"更新"（图 7-10a），系统开始更新，如图 7-10b 所示。

7) 当显示"转数计数器更新已成功完成"时，单击"确定"，转数计数器更新完毕。

情境2 开机与简单操纵工业机器人

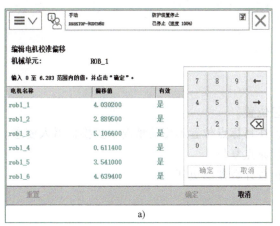
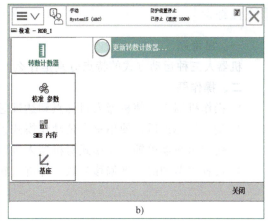

图 7-9 输入参数值并更新转数计数器

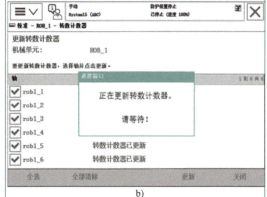

图 7-10 开始更新并等待

【课程总结】

　　手动操纵机器人运动时，首先切换到手动模式，选择好机器人的动作模式和运行速度，按下使能键使电动机处于开起状态，然后操纵摇杆使机器人运动。关节运动中，左右、上下、旋转摇杆在"轴1-3""轴4-6"两种模式下，分别对应1轴和4轴、2轴和5轴、3轴和6轴的单轴运动；斜动摇杆对应1轴和2轴、4轴和5轴的联动。线性运动是操作人员在调试和编程时常用的动作模式，方便其操纵机器人快速到达理想的目标点位置。在线性动作模式中，左右移动摇杆时，机器人做左右直线运动；上下移动摇杆时，机器人做前后直线运动；旋转摇杆时，机器人做上下直线运动；斜动摇杆时，机器人做斜线运动。重定位运动主要用于目标点机器人位置姿态的变换和对工具TCP的检验。

　　机器人的转数计数器用于计算电动机轴的转数。出现以下情况时，需要对转数计数器进行更新：更换电池、断电后关节轴发生了移动、系统报警提示"10036 转数计数器未更新"等。转数计数器更新时，只能使用手动运行模式下的单轴运动进行手动原点复位，在示教器的校准界面下先根据铭牌进行参数的修改，完成后在"转数计数器"选项下单击"更新"出现转数计数器更新已成功完成"时，即完成了更新。

【课程练习】

一、思考题

机器人三种运动方式的特点分别是什么？

二、操作题

1. 操作机器人，使机器人目标点到达理想位置。
2. 确定目标点后，使用重定位动作模式，在目标点位置不变的情况下更换机器人姿态。
3. 使用示教器单轴动作模式对机器人进行原点复位。
4. 设置关节轴的校准偏移参数，并进行转数计数器的更新。

情境3 ABB工业机器人操作准备

项目8 工业机器人有效载荷设置

【知识目标】

目标分类	学习目标分解	成果	学习要求
知识目标	了解什么是有效载荷	认知	了解
	有效载荷的作用	认知	了解
	了解有效载荷在程序中如何使用	认知	掌握
技能目标	创建新的有效载荷数据	行动	掌握
	完成对有效载荷数据的定义	行动	掌握

【课程体系】

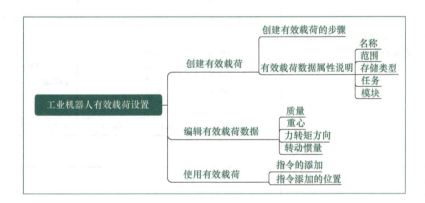

【课程描述】

工业机器人是一种现代智能化装备,其机械手臂能完成很多人类难以企及的工作,解放了人类的双手,提高了工作效率和质量。本项目将简要介绍工业机器人的有效载荷。

8.1 创建有效载荷

有效载荷一般用于搬运作业,因为对于搬运机器人来说手臂承受的重量是不断变化的,不仅要正确设置夹具的质量和重心数据还要设置搬运对象的质量和重心数据。有效载荷数据 loaddata 记录了搬运对象的质量、重心数据。如果机器人不用于搬运,则将 loaddata 设置为默认的 load0。

创建有效载荷的相关操作见表 8-1。创建数据类型时需要设置相应的数据属性,其说明见表 8-2。

表 8-1 创建有效载荷的相关操作

序号	操作步骤	图片说明
1	在主菜单中单击"手动操纵"	
2	在"手动操纵"界面下选择"有效载荷"	
3	单击"新建",创建有效载荷	

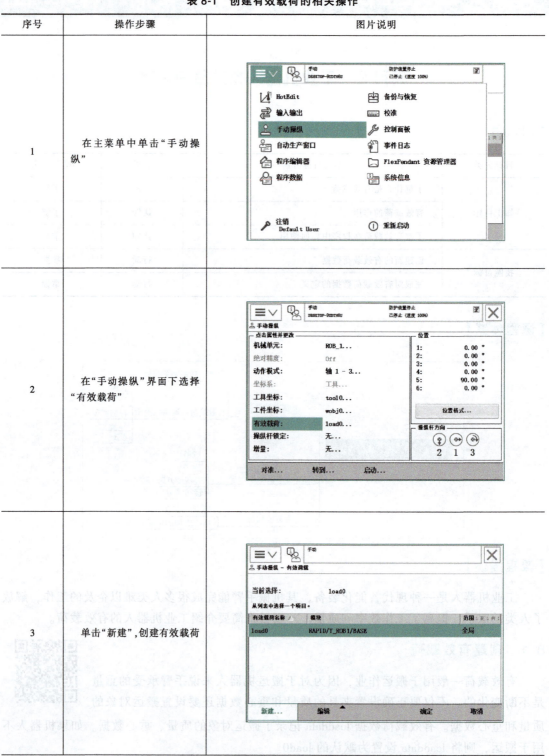

(续)

序号	操作步骤	图片说明
4	在"新数据声明"界面中,对有效载荷数据的属性进行更改,完成后单击"确定"	

表 8-2 数据属性说明

有效载荷数据属性	说　　明
范围	有效载荷所应用的范围,分为任务、本地和全局
存储类型	存储类型分为可变量、变量和常量。有效载荷必须是持续变量
任务	需要应用该有效载荷数据的任务
模块	需要声明该有效载荷的程序模块

8.2 编辑有效载荷数据

创建完一个新的有效载荷后,选中新建的"load1",单击"编辑",选择更改值,根据实际情况编辑有效载荷数据。有效载荷数据参数包括有效载荷质量、有效载荷重心、力转矩方向和有效载荷转动惯量,见表 8-3。"mass"(质量)数据可以根据工业机器人的承载能力进行设定,如图 8-1 所示,由于 RIB120 机器人的承载能力为 3kg,因此将其设置为"3";有效载荷重心是根据承载物体的重心位置计算的。

图 8-1 编辑有效载荷数据

表 8-3 有效载荷数据参数

名　　称	参　　数	单　　位
有效载荷质量	load.mass	kg
有效载荷重心	load.cog.x load.cog.y load.cog.z	mm
力转矩方向	load.aom.q1 load.aom.q2 load.aom.q3 load.aom.q4	—

(续)

名称	参数	单位
有效载荷的转动惯量	I_x I_y I_z	$kg \cdot m^2$

8.3 使用有效载荷

有效载荷设置完成后，需要在程序中对其进行运用。以实际的搬运为例，如图 8-2 所示，在置位夹取指令后，在"添加指令"中添加 GripLoad 指令，单击选择创建好的有效载荷数据 load1。如果想要清除载荷数据，则可以在复位夹取指令后将 GripLoad 后更换为 load0。

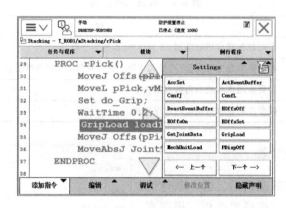

图 8-2 使用有效载荷

【课程总结】

机器人负载设置主要应用于机器人搬运作业中。在有效载荷的创建过程中，需要正确设置夹具和搬运对象的质量和重心数据。具体在程序中使用时，需要添加 GripLoad 指令，该指令的位置在置位夹具信号后。

【课程练习】

一、判断题

1. 工业机器人的有效载荷就是机器人能处理的有效重量。（　　）
2. 有效载荷数据只需要设置重量。（　　）
3. 数据的存储类型分为变量、可变量和常量。（　　）
4. 激活有效载荷数据使用的指令是 GripLoad。（　　）
5. 不涉及有效载荷时，默认使用 load0。（　　）

二、操作题

使用示教器创建有效载荷 load1 并定义其质量和重心数据。

项目 9　工业机器人防干涉区域设置

【学习目标】

目标分类	学习目标分解	成果	学习要求
知识目标	了解创建区域所需的相关数据类型	认知	了解
	了解三种区域类型及对应指令	认知	掌握
	了解激活区域的两种形式及指令	认知	掌握
技能目标	创建数据类型（num、pos）等	行动	熟练掌握
	完成任意形状防干涉区域的创建	行动	熟练掌握
	实现防干涉区域的激活	行动	熟练掌握

【课程体系】

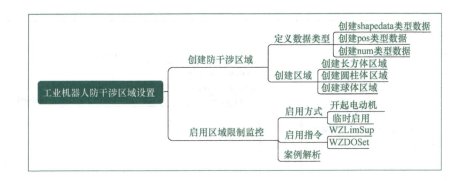

【课程描述】

防干涉区域的功能是，当其他机器人或者外围设备位于预先设定的防干涉区域中时，即使向机器人发出进入干涉区域的移动指令，机器人也会自动停止运行。ABB 工业机器人的防干涉区域需要在程序中通过指令的形式来创建并启用，创建的区域分为长方体、圆柱体和球体等。本项目将以最基本的长方体、圆柱和球体区域为例，介绍防干涉区域的创建方法。因为创建过程涉及程序指令的使用，所以需要先根据具体情况创建数据类型，以方便在程序中调用相关数据。

9.1　创建防干涉区域

创建防干涉区域前，需要先定义 shapedata 类型数据。该数据用于描述一个全局区域的几何形状，以便在后续启用监控时明确启用相应区域，也方便在程序中调用数据。所创建区域的形状主要有长方体、圆柱体和球体，由 pos（描述 X、Y、Z 位置的坐标）类型数据定义点位置，由 num（数值）类型数据定义长、高和半径等参数。

1. 定义数据类型

(1) 创建 shapedata 类型数据　创建 shapedata 类型数据的操作步骤见表 9-1。

表 9-1　创建 shapedata 类型数据的操作步骤

序号	操作步骤	图片说明
1	在 ABB 菜单栏中单击"程序数据"	
2	单击"视图"中的"全部数据类型"	
3	选择"shapedata",单击"显示数据"	

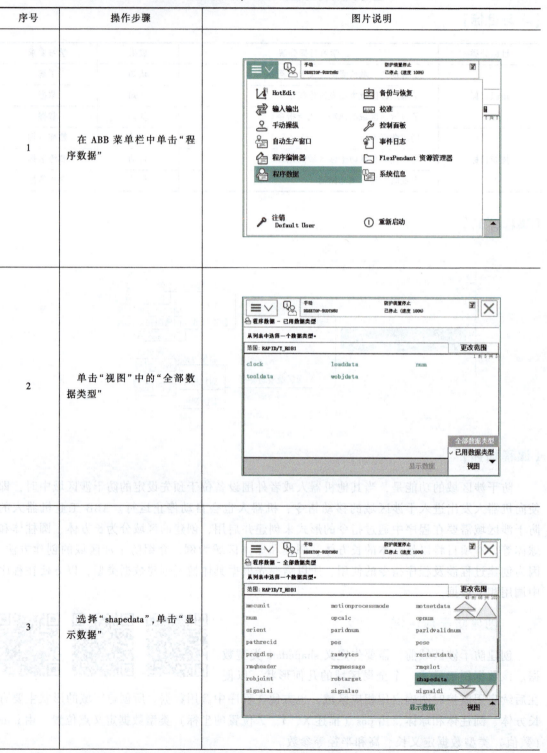

情境3 ABB工业机器人操作准备

（续）

序号	操作步骤	图片说明
4	单击"新建"	
5	单击"确定"	

（2）创建 pos 类型数据　pos 类型数据需根据要创建的防干涉区域的大小和位置来填写相关参数。创建 pos 类型数据的操作步骤见表 9-2。

表 9-2　创建 pos 类型数据的操作步骤

序号	操作步骤	图片说明
1	在主菜单中单击"程序数据"	

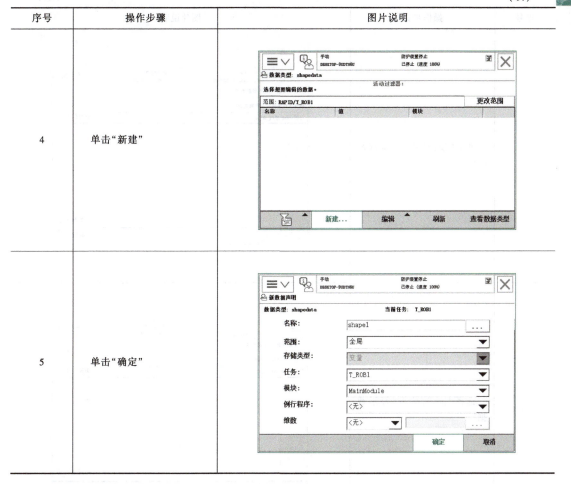

（续）

序号	操作步骤	图片说明
2	单击"视图"中的"全部数据类型"	
3	选择"pos",单击"显示数据"	
4	单击"新建"	

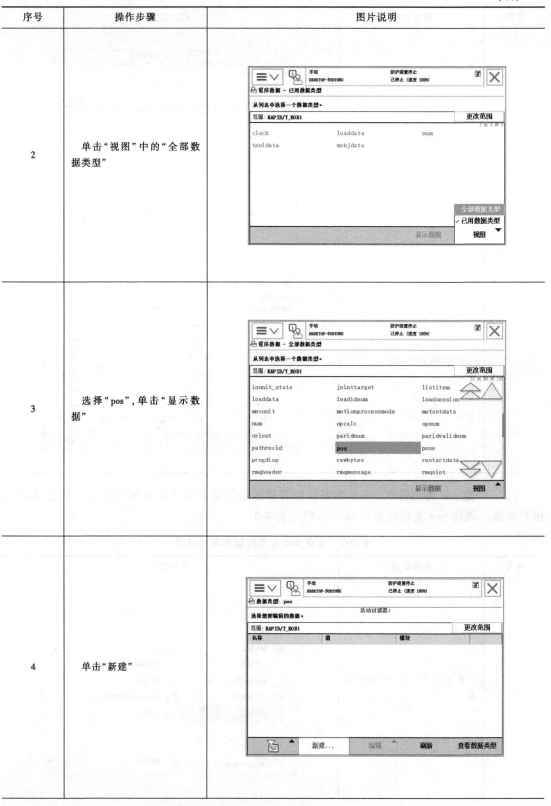

(续)

序号	操作步骤	图片说明
5	单击"初始值"	
6	设置"x""y""z"的值,单击"确定",完成创建	

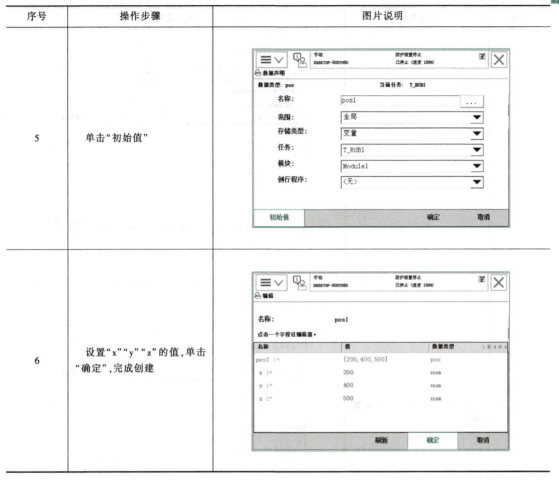

(3) 创建 num 类型数据 创建 num 类型数据的操作步骤见表 9-3。

表 9-3 创建 num 类型数据的操作步骤

序号	操作步骤	图片说明
1	在主菜单中单击"程序数据"	

（续）

序号	操作步骤	图片说明
2	单击"视图"中的"全部数据类型"	
3	选择"num"，单击"显示数据"	
4	单击"新建"	

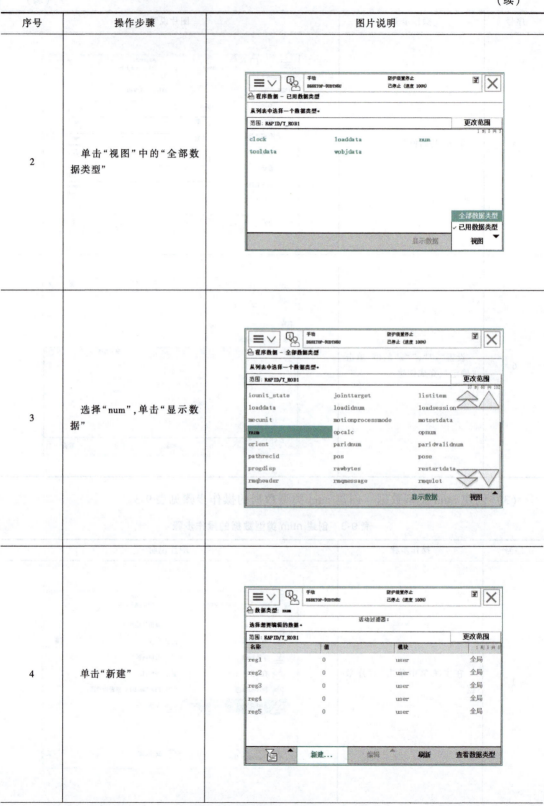

情境3 ABB工业机器人操作准备

（续）

序号	操作步骤	图片说明
5	名称更改为"r1"并单击"初始值"	
6	输入"r1"的值并单击"确定"，完成num类型数据的创建	

2. 创建区域

创建区域前需要在程序中添加相关指令，并在指令后调用创建完成的不同类型的数据，相关指令在添加了 World Zones 功能后才能显示，如图 9-1a 所示。确定添加了 World Zones 后，单击"添加指令"，在指令分类中单击"MotionSetAdv"，即可显示相关防干涉区域的指令，如图 9-1b 所示。

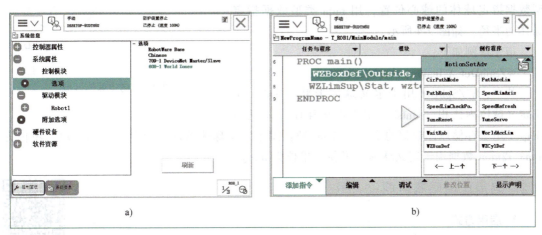

图 9-1　World Zones 功能和指令位置

（1）创建长方体区域　如图9-2所示，只需创建相对的两个角点，系统便会自动规划生成长方体，角点位置的创建参考 pos 类型数据的创建即可。

两角点 X 值之差的绝对值为长方体的长，两角点 Y 值之差的绝对值为长方体的宽，两角点 Z 值之差的绝对值为长方体的高。

指令举例如下：

WZBoxDef \ Inside, shape1, pos1, pos2;

其中，WZBoxDef 用于定义长方体形状；Inside 用于定义长方体内体积（Outside 用于定义长方体外体积）；shape1 用于存储长方体数据的变量；pos1 用于定义长方体的底对角点位置（x，y，z），单位为 mm；pos2 用于定义长方体的上对角点位置（x，y，z），单位为 mm。

（2）创建圆柱体区域　创建圆柱体区域时，先创建 pos 类型数据，指定底圆的圆心位置；再创建 num 类型数据，指定圆柱的半径和高，如图9-3所示。

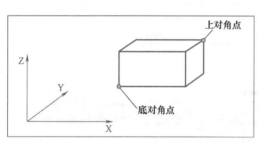

图 9-2　创建长方体区域

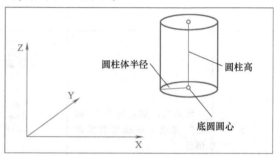

图 9-3　创建圆柱体区域

指令举例如下：

WZCylDef \ Inside, shape1, c1, r1, h1;

其中，WZCylDef 用于定义圆柱体形状；Inside 用于定义圆柱内体积（Outside 用于定义圆柱外体积）；shape1 用于存储圆柱体数据的变量；c1 为 pos 类型数据，用于定义圆柱体的底圆圆心位置（x，y，z），单位为 mm；r1 为 num 类型数据，用于定义圆柱体的半径，单位为 mm；h1 为 num 类型数据，用于定义圆柱体的高，单位为 mm。

（3）创建球体区域　创建球体区域时，用 pos 类型数据指定球体的球心位置，用 num 类型数据指定球体的半径，如图9-4所示。

指令举例如下：

WZSphDef \ Inside, shape1, c2, r2;

其中，WZSphDef 用于定义球体形状；Inside 用于定义球体内体积（Outside 用于定义球体外体积）；

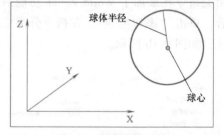

图 9-4　创建球体区域

shape1 用于存储球体数据的变量；c2 pos 数据用于定义球体的球心位置（x，y，z），单位为 mm；r2 num 数据用于定义球体的半径，单位为 mm。

9.2　启用区域限制监控

1. 启用方式

启用区域限制监控前应先创建全局区域数据，即 wzstationary（固定式全局区域数据）或 wztemparary（临时式全局区域数据）。这两种全局区域数据分别对应两种启用形式，其区别见表 9-4。

表 9-4 全局区域数据

数据类型	启用指令	区 别
wzstationary	WZLimSup\Stat 或 WZDOSet\Stat	电动机开起便启用且始终有效，需要在配置中的 Event Routine 类型数据下添加参数
wztemparary	WZLimSup\Temp 或 WZDOSet\Temp	临时有效，需要通过 WZDisable（禁用）、WZEnable（再次启用）或 WZFree（擦除）指令进行控制

2. 启用指令

WZLimSup 或 WZDOSet 指令都能够启用区域限制监控。其中，WZDOSet 指令在启用监控区域的同时触发信号为"1"或为"0"，指令后的"\Temp"或"\Stat"用于定义区域数据的类型。直接添加 WZLimSup 或 WZDOSet 指令后，新建数据默认为 wztemparary 数据。

指令举例如下：

1）WZLimSup \ Temp, wztemp1, shape1;

表示机械臂 TCP 在程序执行期间进入定义的 wztemp1 区域前，机械臂在出现错误消息时停止。

2）WZDOSet \ Temp, wztemp1 \ Inside, shape1 do_1, 1;

表示机械臂 TCP 在程序执行期间位于 wztemp1 区域中时，设置信号 do_1 的信号为"1"，触发下一步动作或事件。

注意：在指令 WZDOSet 中，区域数据后可改为"\ Before"，表示在机械臂 TCP 或指定轴达到规定体积前。

3. 案例解析

如图 9-5 所示，pos1 和 pos2 为定义的长方体两个对角点的数据，shape1 为长方体体积数据，wztemp1 为临时式全局区域数据。首先通过 WZBoxDef 指定长方体内区域大小及位置，并通过 WZLimSup 指令激活临时区域。当向 p10 移动时，检查机械臂 TCP 的位置，确认其不会进入指定区域 wztemp1；当转到 p20 时，不实施该监控，但是在转到 p30 前，重新启用该区域监控。

图 9-5 启用防干涉区域案例

【课程总结】

本项目介绍了创建防干涉区域时所需的数据类型：shapedata 类型数据是系统专用数据，用来存储指定的体积数据；pos 类型数据用于定义点的位置；num 类型数据用来定义所创建形状的高、半径等数据。介绍了使用指令创建长方体、圆柱和球体三种指定区域的方法，并对指令做了详细的解读，其中指令后的"\ Inside"是内体积，"\ Outside"是外体积。启用区域监控有两种方式：电动机开起便启用定义的是 wzstationary 数据类型，启用指令后是

\Stat，需要在 Event Routine 中配置参数；临时启用定义的是 wztemparary 数据类型，启用指令后是 \Temp，需要再次通过指令进行控制。

【课程练习】

一、判断题

1. pos 一定是用来定义长方体大小的数据类型。（　　）
2. 定义的防干涉区域分为长方体、圆柱体和球体，分别对应三种指令。（　　）
3. 启用区域限制分为两种形式，分别对应两种数据类型。（　　）
4. 启用区域限制指令有 WZLimSup 和 WZDOSet。（　　）

二、操作题

1. 使用示教器创建 pos 类型数据，并在程序编辑界面添加指令创建长方体区域。
2. 使用临时启用区域限制监控方式启用长方体监控区域。

项目 10　工业机器人坐标系设置

【学习目标】

目标分类	学习目标分解	成果	学习要求
知识目标	掌握 ABB 机器人定义的坐标系种类	认知	掌握
	了解各坐标系的具体作用	认知	了解
	熟悉各坐标系的设置原理及设置的意义	认知	掌握
技能目标	使用任意方法设置工具坐标系	行动	掌握
	能独立完成工件坐标系的设置操作	行动	掌握

【课程体系】

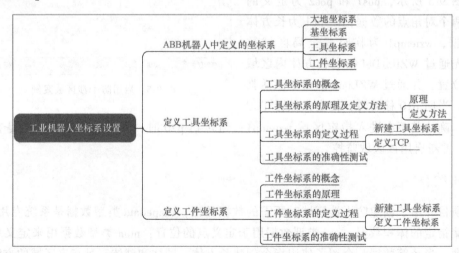

【课程描述】

坐标系是为了说明质点的位置、运动的快慢及方向等所使用的参照系。ABB 工业机器人中定义了四种坐标系,分别是大地坐标系、基坐标系、工具坐标系和工件坐标系。其中,大地坐标系和基坐标系确定了机器人的具体位置,工具坐标系和工件坐标系确定了机器人操纵范围内某一点的位置。本项目将介绍工具坐标系和工件坐标系的概念、原理和定义方法。

10.1 ABB 机器人中定义的坐标系

在参照系中,为确定空间中某一点的位置,按照规定方法选取的一组有序数据,称为坐标。机器人所有的运动都需要通过沿用坐标系轴的测量值来确定目标位置。如图 10-1 所示,在 ABB 机器人控制系统中定义了以下四种坐标系:

1)大地坐标系:定义多台机器人或有外部轴的机器人在空间内相对位置的坐标系。

2)基坐标系:定义机器人工作空间状态及位置的基础坐标系,一般依附于机器人机座。

3)工具坐标系:定义工具中心点(TCP)和方向的坐标系。

4)工件坐标系:定义工件相对于大地坐标系位置的坐标系。

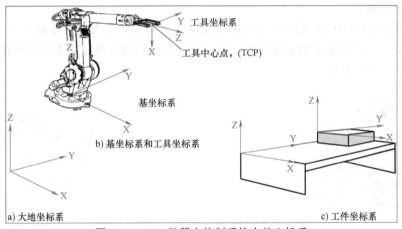

图 10-1 ABB 机器人控制系统中的坐标系

1. 大地坐标系

大地坐标系(图 10-2)是各坐标系中层次最高的坐标系,其他的坐标系均与大地坐标系直接或间接相关。通常情况下,一台机器人正常安装在地面上时,大地坐标系与位于机器人机座上的基坐标系重合。当一台控制器处理多台机器人或有外部轴的机器人时,可以利用大地坐标系定义机器人单元;它还适用于手动操纵机器人的微动控制及移动。

2. 基坐标系

基坐标系(图 10-3)位于机器人机座上,是最便于控制机器人从一个位置移动到另一个位置的坐标系。基坐标系在机器人机座上有相应的零点,在正常配置的机器人系统中,当操作人员正向面对机器人并在基坐标系下进行线性手动操纵时,操纵杆前、向后可使机器人沿 X 轴移动,操纵杆向两侧可使机器人沿 Y 轴移动,旋转操纵杆可使机器人沿 Z 轴移动。基坐标系在初始状态下与大地坐标系重合。

3. 工具坐标系

工具坐标系(图 10-4)将工具中心点设为原点,由此定义工具的位置和方向。

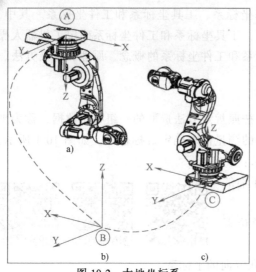

图 10-2 大地坐标系

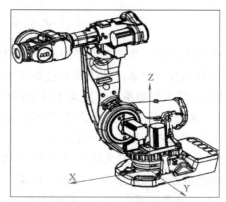

图 10-3 基坐标系

4. 工件坐标系

工件坐标系（图 10-5）对应于工件，其定义位置是相对于大地坐标系（或其他坐标系）的位置。它是以工件为基准所定义的坐标系，可针对不同的工件定义不同的坐标系，从而达到方便编程和操作的目的。

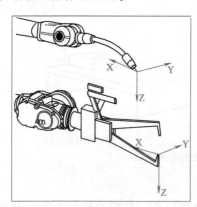

图 10-4 工具坐标系

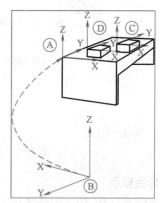

图 10-5 工件坐标系

10.2 定义工具坐标系

1. 工具坐标系的概念

机器人系统对其位置的描述和控制是以机器人 TCP 为基准的，默认的 TCP 位于机器人六轴法兰盘的中心处，如图 10-6a 所示。为方便手动操纵和编程调试，可以为机器人所装工具建立工具坐标系，将机器人的控制点转移到工具末端，如图 10-6b 所示。

2. 工具坐标系的原理及定义方法

（1）原理

1）在机器人工作空间内找一个精确的固定点作为参考点。

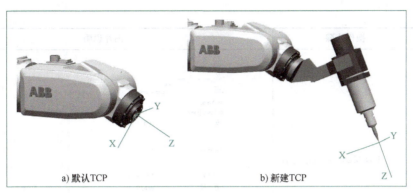

图 10-6　默认 TCP 与新建 TCP

2）确定工具上的参考点。

3）手动操纵机器人,至少采用四种不同的工具姿态,使机器人工具上的参考点尽可能与固定点刚好接触。

4）通过四个位置点的位置数据,机器人可以自动计算出 TCP 的位置,并将 TCP 的位姿数据保存在 tooldata（工具坐标数据）程序数据中,以便被程序调用。

（2）定义方法　定义工具坐标系的方法有三种,分别是"TCP（默认方向）""TCP 和 Z""TCP 和 Z、X",见表 10-1。

表 10-1　工具坐标系的定义方法

定义方法	原点	坐标系方向	应用场合
"TCP（默认方向）"（4 点法）	变化	不变	工具坐标系的方向与 tool0 方向一致
"TCP 和 Z"（5 点法）	变化	Z 轴方向改变	工具坐标系的方向和 tool0 的 Z 轴方向不一致
"TCP 和 Z,X"（6 点法）	变化	Z 轴和 X 轴方向改变	工具坐标系需要更改 Z 轴和 X 轴方向时

3. 工具坐标系的定义过程

（1）新建工具坐标系　定义工具坐标系前,需要新建一个工具坐标系,操作步骤见表 10-2。

表 10-2　新建工具坐标系操作步骤

序号	操作步骤	图片说明
1	在主菜单中单击"手动操纵"	（示意图：主菜单界面，包含 HotEdit、输入输出、手动操纵、自动生产窗口、程序编辑器、程序数据、备份与恢复、校准、控制面板、事件日志、FlexPendant 资源管理器、系统信息、注销 Default User、重新启动）

（续）

序号	操作步骤	图片说明
2	在"手动操纵"界面中选择"工具坐标"	
3	单击"新建"，新建工具坐标系	
4	在"新数据说明"界面中对工具数据的属性进行更改，完成后单击"确定"	

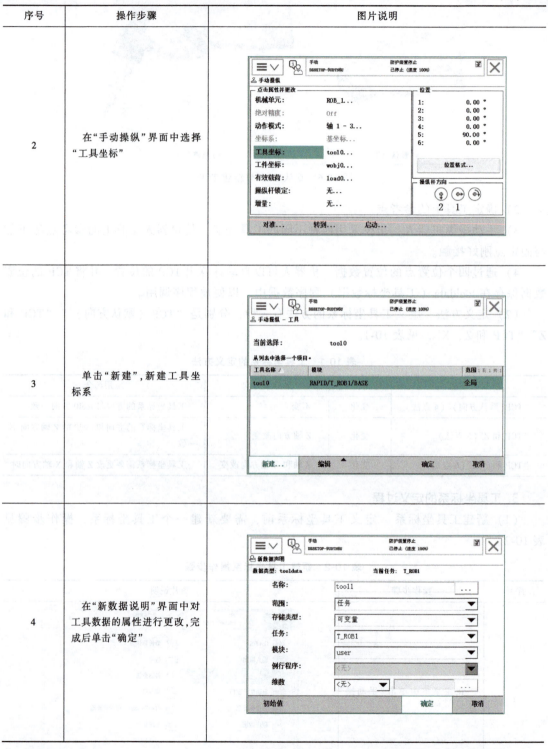

（2）定义TCP

下面以常用的"TCP和Z, X"方法为例，介绍定义TCP的操作步骤，见表10-3。

表 10-3 定义 TCP 的操作步骤

序号	操作步骤	图片说明
1	选中新建的"tool1",单击"编辑"中的"定义"	
2	在定义方法中选择"TCP 和 Z,X"	
3	按下示教器上的使能键,操纵机器人以任意姿态使工具参考点接触 TCP 参考点并将其作为第一点	

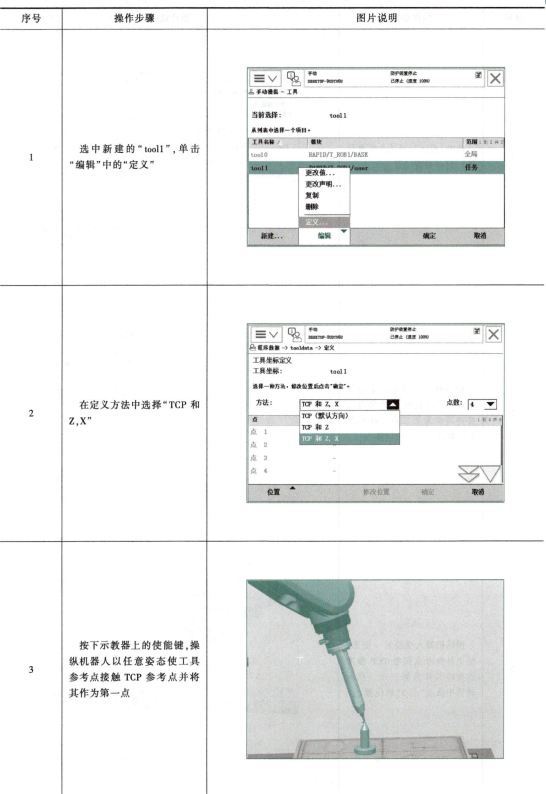

(续)

序号	操作步骤	图片说明
4	选中"点1",单击"修改位置",保存当前位置	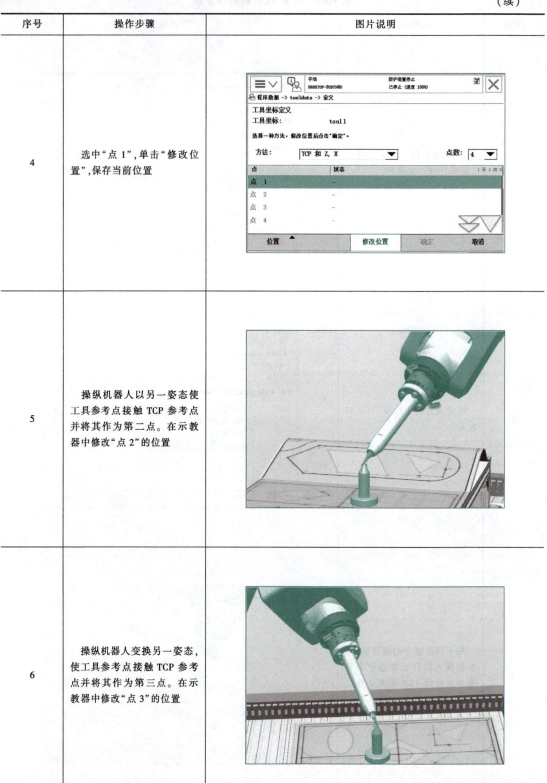
5	操纵机器人以另一姿态使工具参考点接触 TCP 参考点并将其作为第二点。在示教器中修改"点2"的位置	
6	操纵机器人变换另一姿态,使工具参考点接触 TCP 参考点并将其作为第三点。在示教器中修改"点3"的位置	

（续）

序号	操作步骤	图片说明
7	操纵机器人使工具参考点接触 TCP 参考点，并使机器人垂向标定工具。在示教器中修改"点 4"的位置	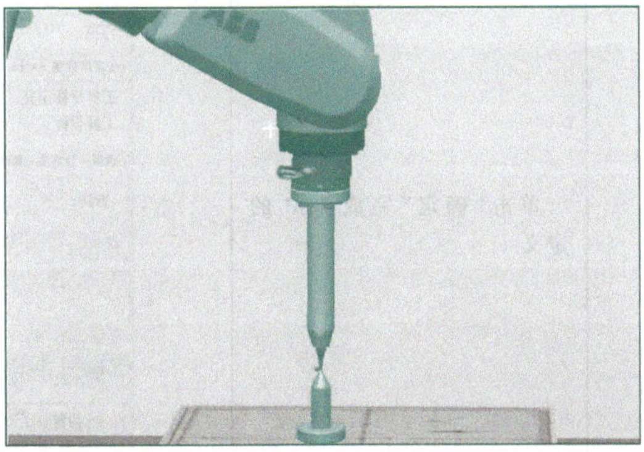
8	以"点 4"为参考点，在线性模式下操纵机器人向前移动一段距离，作为 +X 方向。在示教器中修改"延伸器点 X"的位置	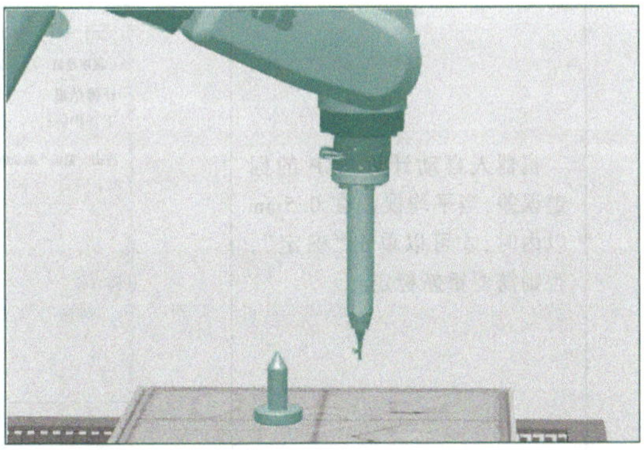
9	以"点 4"为参考点，在线性模式下操纵机器人向上移动一段距离，作为 +Y 方向。在示教器中修改"延伸器点 Y"的位置	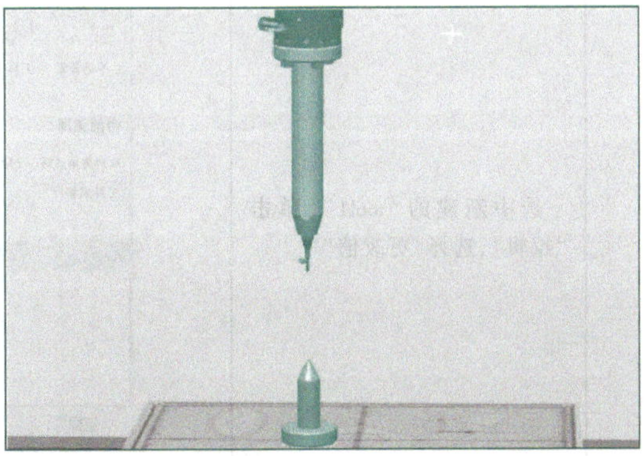

（续）

序号	操作步骤	图片说明
10	单击"确定"完成 TCP 的定义	
11	机器人自动计算 TCP 的标定误差,当平均误差在 0.5mm 以内时,才可以单击"确定",否则需要重新标定	
12	选中新建的"tool1",单击"编辑",选择"更改值"	

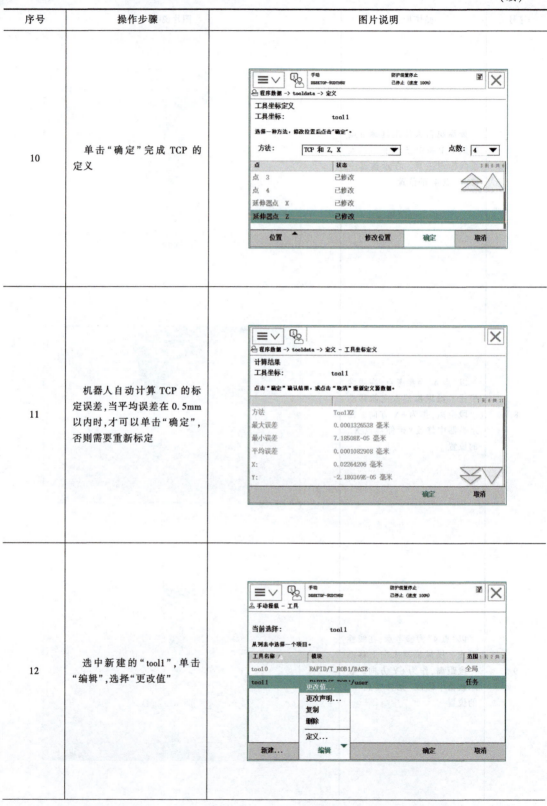

（续）

序号	操作步骤	图片说明
13	向下翻页，选择"mass"，其含义是定义工具的质量，单位为kg，初始值为-1，修改为1即可	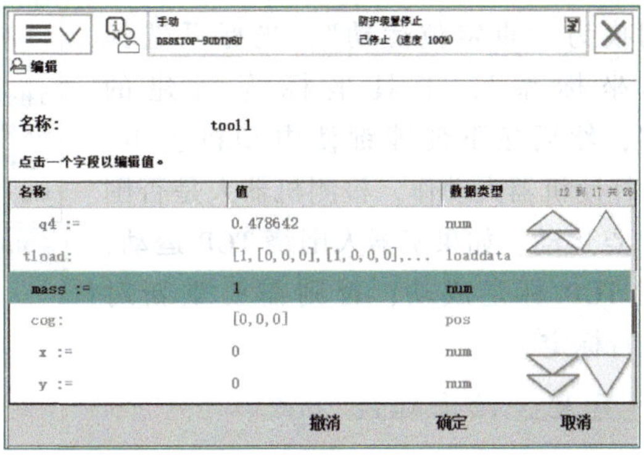
14	"x""y""z"值是工具重心基于tool0的偏移量，单位为mm。将"z"值更改为30，单击"确定"	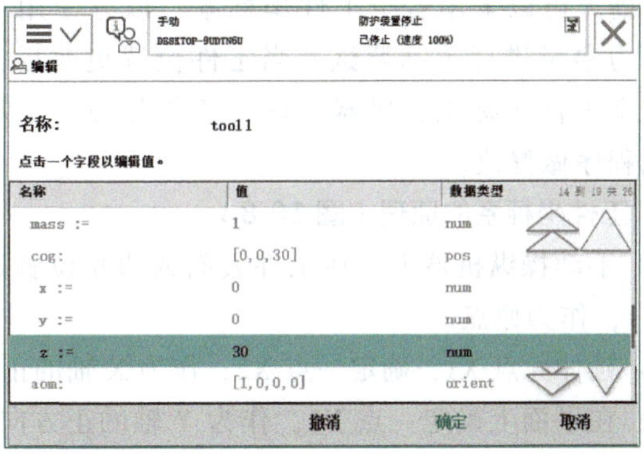
15	单击"确定"完成TCP的标定，并自动返回手动操纵界面	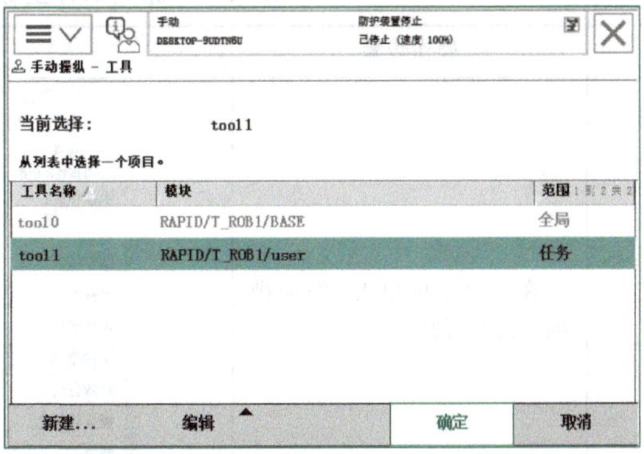

4. 工具坐标系的准确性测试

为测试工具坐标系的准确性,可利用重定位运动检测机器人是否围绕标定完成的TCP做旋转运动。如图10-7所示,将动作模式切换为"重定位运动",坐标系选择"工具坐标系",工具坐标为新建的"tool1",然后按下使能键使电动机上电,操纵摇杆使机器人动作。检测机器人是否围绕TCP点运动:如果机器人围绕TCP运动,则说明TCP标定成功;否则需要重新对TCP进行标定。

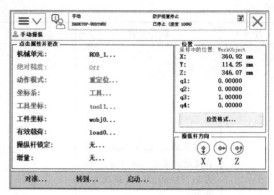

图 10-7 手动操纵界面

10.3 定义工件坐标系

1. 工件坐标系的概念

工件坐标系用于定义工件相对于大地坐标系或者其他坐标系的位置。机器人系统默认的工件坐标系名为wobj0,它与基坐标系重合。

机器人可以采用若干工件坐标系,以方便用户以工件平面为参考进行手动调试。当工件位置更改后,通过重新定义工件坐标系,机器人即可正常作业,不需要对机器人程序做修改。

2. 工件坐标系的原理(图10-8)

1) 手动操纵机器人,在工件表面或边角位置选择一个点 X1,作为原点。

2) 延伸原点 X1,确定一点 X2,作为 X 轴的正方向。

3) 在平面上确定一点 Y1,作为 Y 轴的正方向。

3. 工件坐标系的定义过程

(1) 新建工件坐标系 新建工件坐标系操作步骤见表10-4。

图 10-8 工件坐标系的建立

表 10-4 新建工件坐标系操作步骤

序号	操作步骤	图片说明
1	在主菜单中单击"手动操纵"界面下的"工件坐标"	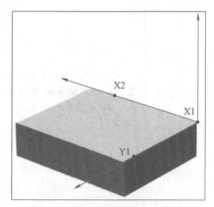

(续)

序号	操作步骤	图片说明
2	单击"新建"	
3	属性设定完成后,单击"确定",创建一个新的工件坐标系	

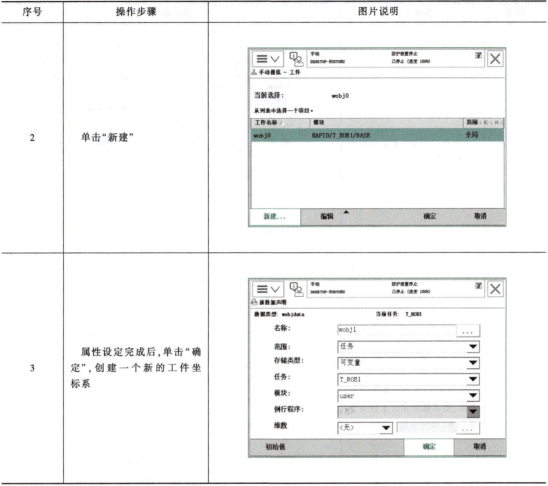

(2) 定义工件坐标系　定义工件坐标系操作步骤见表 10-5。

表 10-5　定义工件坐标系操作步骤

序号	操作步骤	图片说明
1	选中新的工件坐标系"wobj1",单击"编辑",选择"定义"	

(续)

序号	操作步骤	图片说明
2	在"用户方法"下拉列表中选择"3点"	
3	手动操纵机器人的工具参考点,使其靠近定义工件坐标系的 X1 点	
4	选中"用户点 X1",单击"修改位置",记录 X1 点的位置	

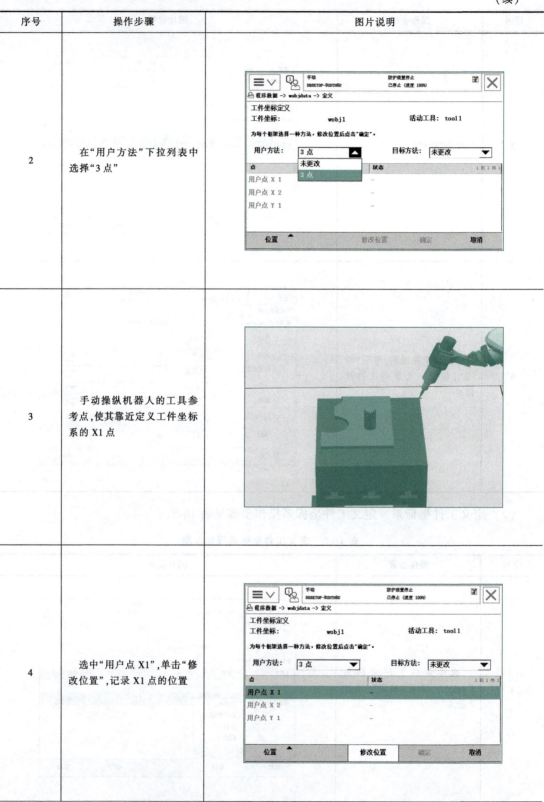

(续)

序号	操作步骤	图片说明
5	手动操纵机器人的工具参考点,使其靠近定义工件坐标系的 X2 点。在示教器中修改"用户点 X2"的位置	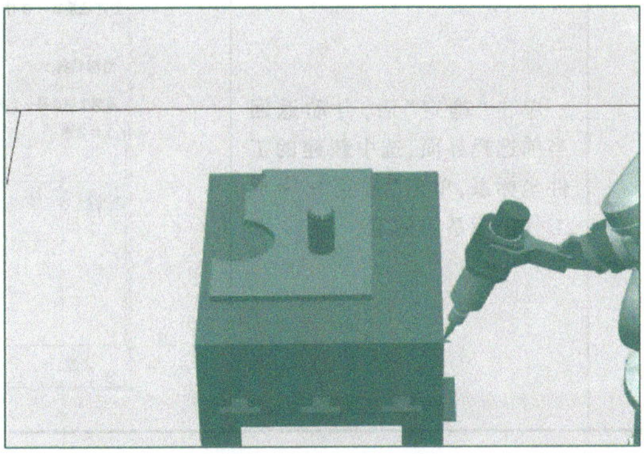
6	手动操纵机器人的工具参考点,使其靠近定义工件坐标系的 Y1 点。在示教器中修改"用户点 Y1"的位置	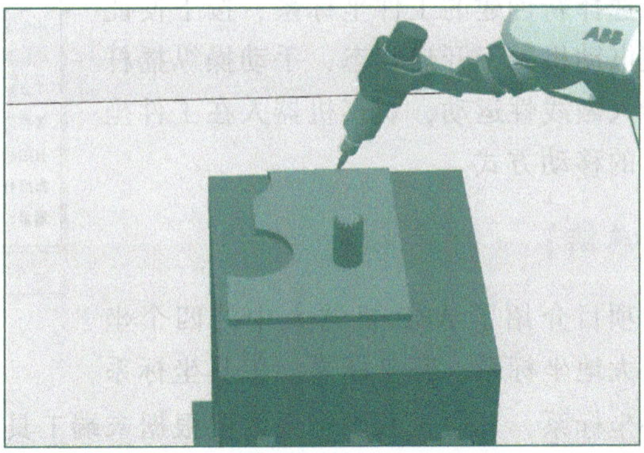
7	三点全部修改完毕后,单击"确定",对自动生成的工件坐标系数据进行确认	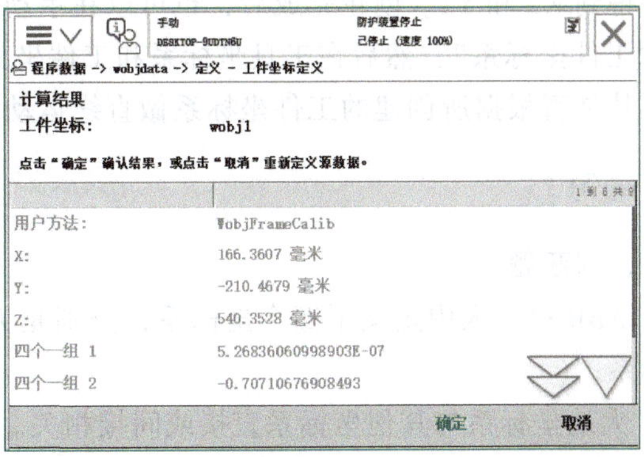 计算结果 工件坐标: wobj1 点击"确定"确认结果,或点击"取消"重新定义源数据。 用户方法: WobjFrameCalib X: 166.3607 毫米 Y: -210.4679 毫米 Z: 540.3528 毫米 四个一组 1 5.26836060998903E-07 四个一组 2 -0.70710676908493

(续)

序号	操作步骤	图片说明
8	单击"确定"后,自动返回当前选择界面,选中新建的工件坐标系,单击"确定",完成工件坐标系的标定	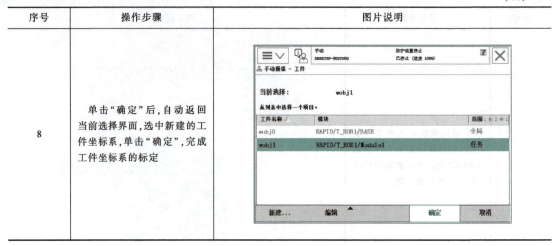

4. 工件坐标系的准确性测试

为验证工件坐标系的准确性,如图 10-9 所示,需要对手动操纵界面进行设置。工件坐标系选择新创建的工件坐标系,按下使能键,使电动机处于开启状态,手动操纵摇杆使机器人做线性运动,观察机器人在工件坐标系下的移动方式。

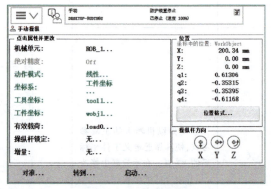

图 10-9 手动操纵界面

【课程总结】

本项目介绍了 ABB 机器人中的四个坐标系:大地坐标系、基坐标系、工具坐标系和工件坐标系,其中工具坐标系需要根据末端工具的情况进行定义;介绍了定义工具坐标系的三种方法,并以"TCP 和 Z,X"方法为例讲述了具体的操作步骤。工具坐标系定义完成后,需要切换到重定位动作模式,来验证新创建的工具坐标系是否围绕 TCP 运动。工件坐标系要定义三个点,最好选取工件上的角点或平面上的点作为第一点 X1,然后在 X1 的基础上延伸得到 X2 和 Y1。创建完成后,也可以在手动操纵界面将动作模式切换为线性,坐标系选择"工件坐标系",然后在工具坐标系和工件坐标系下选择新创建的工件坐标,操纵机器人验证其是否根据所创建的工件坐标系做直线运动。

【课程练习】

一、判断题

1. ABB 机器人中定义了四个坐标系,分别是大地坐标系、基坐标系、工具坐标系和工件坐标系。(   )

2. 大地坐标系与其他坐标系直接或间接相关。(   )

3. 用户可以根据需要定义工具坐标系和工件坐标系。(   )

4. 工具坐标系的中心点也叫 TCP。(   )

二、操作题
1. 创建新的工具坐标系 tool1，使用"TCP 和 Z，X"方法定义 tool1 并验证其准确性。
2. 创建新的工件坐标系 wobj1，定义完成后验证其准确性。

项目 11　ABB 仿真软件的安装与认知

【学习目标】

目标分类	学习目标分解	成果	学习要求
知识目标	了解 ABB 工业机器人仿真软件的应用	认知	掌握
	了解四大家族中其他几家工业机器人厂家推出的仿真软件的名字	认知	了解
	熟悉仿真软件菜单不同选项的作用	认知	掌握
技能目标	能够独立安装 ABB 工业机器人仿真软件	行动	掌握
	熟练掌握 ABB 工业机器人仿真软件界面中菜单及选项的简单操作	行动	掌握

【课程体系】

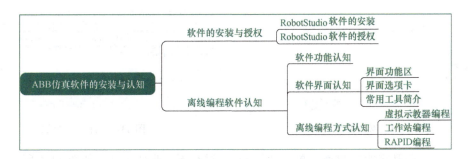

【课程描述】

近年来，随着机器人远距离操作、传感器信息处理等技术的进步，基于虚拟现实技术的机器人作业示教已成为机器人学的新兴研究方向。它将虚拟现实作为高端的人机接口，允许用户通过声、像、力以及图形等多种交互设备实时地与虚拟环境进行交互，根据用户的指挥或动作提示，示教或监控机器人完成复杂作业。

11.1　软件的安装与授权

1. RobotStudio 软件的安装

1）登录 ABB 公司网址：www.robotstudio.com，单击进入界面"下载 RobotStudio 软件"，单击进入下载，如图 11-1 所示。

2）下载完成后，对压缩包进行解压。在

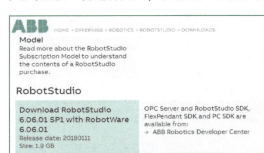

图 11-1　软件下载界面

解压完成后的文件中，双击"setup.exe"安装文件，如图11-2所示。

3）在出现的对话框的安装语言下拉列表中选择"中文（简体）"，然后单击"确定"按钮，进行后续的安装，如图11-3所示。

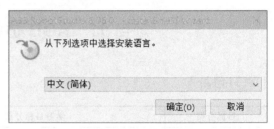

图11-2　安装文件　　　　　　　　　　　图11-3　语言选择

4）进入安装界面，单击"下一步"，如图11-4所示。

5）进入"许可证协议"界面，选择"我接受该许可证协议中的条款"，单击"下一步"，如图11-5所示。

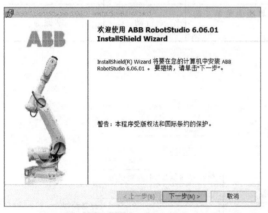

图11-4　安装向导　　　　　　　　　　　图11-5　许可证协议

6）进入"隐私声明"界面，单击"接受"，进行下一步的安装，如图11-6所示。

7）选择安装地址，单击"更改"后选择文件夹即可，这里不做修改，直接单击"下一步"，如图11-7所示。

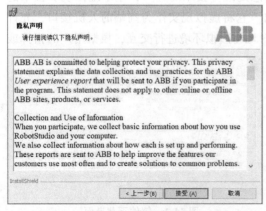

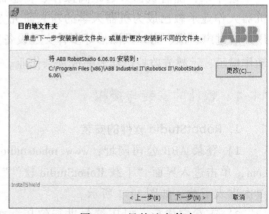

图11-6　隐私声明　　　　　　　　　　　图11-7　目的地文件夹

8)进入"安装类型"界面,选择默认选项"完整安装"即可,单击"下一步",如图 11-8 所示。

9)准备安装程序,若有问题,则单击"上一步"返回修改;若没有问题,则单击"安装",开始安装软件,如图 11-9 所示。

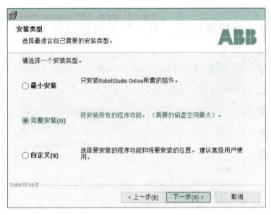

图 11-8 安装类型

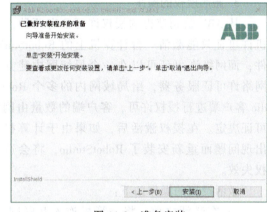

图 11-9 准备安装

10)安装完成后单击"完成",退出安装向导,如图 11-10 所示。

2. RobotStudio 软件的授权

可以通过选择"基本"菜单,在软件界面下方的"输出"窗口中查看授权的有效日期,如图 11-11 所示。

在第一次正确安装 RobotStudio 以后,软件提供 30 天的全功能高级版免费试用服务,30 天以后,如果还未进行授权操作,则只能试用基本版的功能。

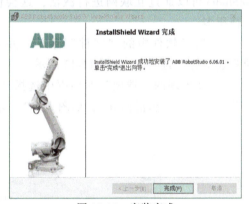

图 11-10 安装完成

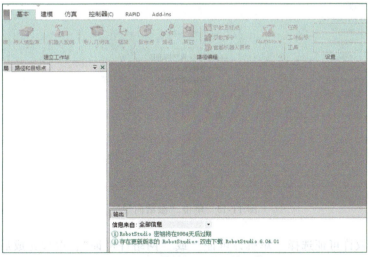

图 11-11 查看授权的有效日期

基本版提供了所选的 RobotStudio 功能,如配置、编程和运行虚拟控制器等,还可以通过以太网对实际控制器进行编程、配置和监控等在线操作。

高级版提供了 RobotStudio 所有的离线编程和多机器人仿真功能,高级版中包含基本版的所有功能。若要使用高级版,则需进行激活。

3. 激活授权的操作

从 ABB 公司获得的授权许可证有两种,一种是单机许可证,另一种是网络许可证。单机许可证只能激活一台计算机上的 RobotStudio 软件;而网络许可证可以在一个局域网内建立一台网络许可证服务器,给局域网内的多个 RobotStudio 客户端进行授权许可,客户端的数量由网络许可证决定。在授权激活后,如果由于计算机系统出现问题而重新安装了 RobotStudio,将会造成授权失效。

激活授权的操作如下:

1)在激活之前,将计算机连入互联网,RobotStudio 可以通过互联网进行激活,这会使操作便捷很多。

2)选择软件中的"文件"菜单,并选择下拉列表中的"选项",如图 11-12 所示。

3)在出现的"选项"对话框中选择"授权"选项,并单击"激活向导",如图 11-13 所示。

图 11-12 选择"选项"

图 11-13 单击"激活向导"

4)根据授权许可证选择"单机许可证"或"网络许可证",选择完成后,单击"下一个"按钮,按照提示即可完成激活操作,如图 11-14 所示。

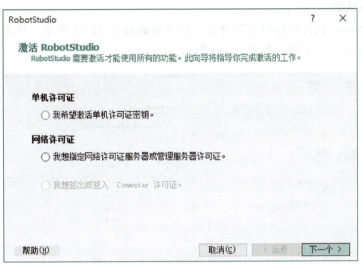

图 11-14　选择许可证

11.2　离线编程软件认知

1. 软件功能认知

目前主流的离线编程软件主要有 ABB 公司的 RobotStudio、FANUC 公司的 RoboGuide、KUKA 公司的 KUKA Sim Pro 和安川公司的 Moto Sim 等。

RobotStudio 具有以下主要功能：

1）导入 CAD 文件。RobotStudio 可以轻易地以导入各种主要的 CAD 格式文件，包括 IG-ES、STEP、VRML、VDAFS、ACIS 和 CATIA 等。通过使用非常精确的三维模型数据，机器人程序设计员可以生成更为精确的机器人程序，从而提高产品质量。

2）生成自动路径。这是 RobotStudio 中最节省时间的功能之一。通过使用工件的 CAD 模型，可以在短短几分钟内自动生成跟踪曲线所需的机器人位置；如果人工执行此项任务，则可能需要数小时或数天的时间。

3）自动分析伸展。此功能可以让操作者灵活移动机器人或工件，直至所有位置均可达到。还可以让操作者在短短几分钟内验证和优化工作单元布局。

4）检测干涉。在 RobotStudio 中，可以对机器人在运动过程中是否可能与周边设备发生干涉进行验证与确认，以确保机器人离线编程得出的程序的可用性。

5）在线作业。使用 RobotStudio 与真实的机器人进行连接通信，可以对机器人进行便捷的监控、程序修改、参数设定、文件传送及备份恢复等操作，使调试与维护工作更轻松。

6）模拟仿真。根据设计，在 RobotStudio 中进行机器人工作站的动作模拟仿真以及周期节拍规划，为工程的实施提供真实的验证。

7）应用功能包。针对不同的应用推出功能强大的工艺功能包，对机器人与工艺应用进行有效的融合。

8）二次开发。提供功能强大的二次开发平台，使机器人应用有了更多的可能，满足相关的科研需要。

2. 软件界面认知

双击 RobotStudio 软件图标打开软件后,软件界面如图 11-15 所示。单击"基本"选项,进入 RobotStudio 软件主界面,如图 11-16 所示。

图 11-15 打开软件时的界面

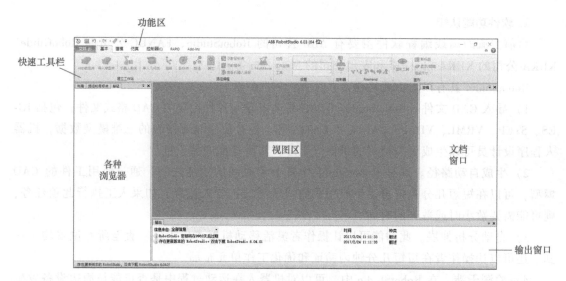

图 11-16 软件主界面

界面的上方是功能区,主要有"文件""基本""建模""仿真""控制器""RAPID"和"Add-Ins"七个功能选项卡;左上角是自定义快速工具栏,单击"自定义快速访问"可以自行定义快速访问项目和窗口布局,如图 11-17 所示。

界面的左侧是布局浏览器、路径和目标点浏览器以及标记浏览器,主要作用是分层显示工作站中的项目和工作站内的所有路径、数据等。

界面中间部分是视图区,整体的工作站布局都会在视图区中显示出来。

界面右侧是文档窗口,可以在其中搜索和浏览 RobotStudio 文档,如处于不同位置的大量库和几何体等;也可以添加与工作站相关的文档,在工作站中作为链接或嵌入一个文件。

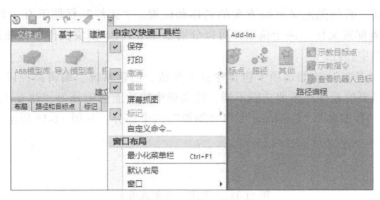

图 11-17 功能区菜单栏

界面下方是输出窗口,用于显示工作站内发生的事件的相关信息,如启动或停止仿真的时间。输出窗口中的信息对排除工作站故障很有帮助。

(1) RobotStudio 软件功能选项卡简介

1) 文件。打开软件后首先进入的就是"文件"界面。单击"文件",可以打开 RobotStudio 后台视图,该视图显示了当前活动的工作站的信息和数据,列出最近打开的工作站并提供一系列用户选项,包括创建新工作站、连接到控制器、将工作站保存为查看器等。"文件"选项卡下的各种可用选项及其功能见表 11-1。

表 11-1 "文件"选项卡下的各种可用选项

选项	功 能
保存/保存为	保存工作站
打开	打开保存的工作站。在打开或保存工作站时,应选择加载几何体选项,否则几何体会被永久删除
关闭	关闭工作站
信息	在 RobotStudio 中打开某个工作站后,单击"信息",将显示该工作站的属性,以及属于所打开工作站的一部分的机器人系统和库文件
最近	显示最近访问的工作站和文件
新建	可以从中创建工作站和文件
打印	打印活动窗口内容,设置打印机属性
共享	可以与其他人共享数据,创建工作站包或解包打开其他工作站
在线	连接到控制器,导入和导出控制器,创建并运行机器人系统
帮助	提供有关 RobotStudio 安装和许可授权的信息以及一些帮助支持文档
选项	显示有关 RobotStudio 设置选项的信息
退出	关闭 RobotStudio

"新建"选项界面中提供了很多用户选项,主要分为"工作站"和"文件"两种,如图 11-15 所示。"工作站"标题下有"空工作站解决方案""工作站和机器人控制器解决方案"和"空工作站"三个选项,可以根据不同的需要创建对应的项目。在 RobotStudio 中将解决方案定义为文件夹的总称,其中包含工作站、库和所有相关元素的结构。在创建文件夹

结构和工作站前，必须先定义解决方案的名称和位置。"文件"标题下有"RAPID 模块文件"和"控制器配置文件"两个选项，可以分别创建 RAPID 模块文件和标准控制器配置文件，并在编辑器中打开。

2) 基本。"基本"功能选项卡包含建立工作站、创建系统、编辑路径以及摆放工作站的模型项目所需要的控件。按照功能不同，将菜单中的功能选项分为"建立工作站""路径编程""设置""控制器""Freehand"和"图形"六个部分，如图 11-18 所示。

图 11-18 "基本"功能选项卡

在"建立工作站"中单击"ABB 模型库"按钮，可以从相应的列表中选择所需的机器人、变位机和导轨模型，将其导入工作站中；单击"导入模型库"按钮，可以将其他设备、几何体、变位机、机器人和工具等导入工作站内；"机器人系统"可以为机器人创建或加载系统，建立虚拟的控制器；"导入几何体"则可以导入用户自定义的几何体和其他三维软件生成的几何体；"框架"可以用来创建一般的框架和特定方向的框架。

"基本"功能选项卡中的"路径编程"主要用于进行轨迹的编辑，其中"目标点"是实现目标点的创建功能，"路径"可以创建空路径和自动生成路径，"其他"用来创建工件坐标系、工具数据以及编辑逻辑指令。在"路径编程"中还有"示教目标点""示教指令"和"查看机器人目标"的功能，单击"路径编程"下方的小箭头，可以打开指令模板管理器，可以用来更改 RobotSudio 自带默认设置之外的其他指令的参数设置。

"设置"中的"任务"是从下拉列表中选择任务，所选择的任务为当前任务，新的工作对象、工具数据、目标、空路径或来自曲线的路径将被添加到此任务中，这里的任务是在创建系统时一同创建的。"工件坐标"是从下拉列表中选择当前所要使用的工件坐标系，新的目标点位置将以工件坐标系为准。"工具"是从下拉列表中选择工具坐标系，所选择的工具坐标系为当前工具坐标系。

"控制器"中的"同步"功能可以实现工作站和虚拟示教器之间设置和编辑的相互同步。

"Freehand"用于选择对应的参考坐标系，然后通过移动、旋转、手动控制机器人关节、手动线性、手动重定位和多个机器人的微动控制，来实现对机器人和物体的动作控制。

"图形"功能分为视图设置和编辑设置，使用"View"（视图）选项可选择视图设置、控制图形视图和创建新视图，并显示/隐藏选定的目标、框架、路径、部件和机构。"Edit"（编辑）选项则是涉及几何对象的材料及其应用的命令。

3) 建模。"建模"功能选项卡中的功能项用于创建 Smart 组件，分组组件，创建部件、固体、表面等，还能进行与 CAD 相关的操作以及创建机械装置、工具和输送带等，如图 11-19 所示。

图 11-19 建模功能选项卡

4）仿真。"仿真"功能选项卡如图 11-20 所示，其中包括"碰撞监控""配置""仿真控制""监控"和"信号分析器"等相关控件。

图 11-20　仿真功能选项卡

"碰撞监控"可以创建碰撞集，它包含两组对象：ObjectA 和 Object B，将两组对象放入其中以检测它们之间的碰撞。单击右下方的小箭头可以进行碰撞检测的相关设置。

"配置"中的"仿真设定"用于设置仿真时机器人程序的序列、进入点和选择需要仿真的对象等；"工作站逻辑"是工作站与系统间属性和信号的连接设置。单击右下方的小箭头可以打开"事件管理器"，通过"事件管理器"可以设置机械装置动作与信号之间的连接。

"仿真控制"用于控制仿真的开始、暂停、停止和复位。

"监控"用于查看并设置程序中的 I/O 信号、启动 TCP 跟踪和添加仿真计时器。

"信号分析器"的信号分析功能用于显示和分析来自机器人控制器的信号，进而优化机器人程序。

"录制短片"可以对仿真过程、应用程序和活动对象进行全程录制，并生成视频。

5）控制器。"控制器"功能选项卡如图 11-21 所示，其中包含用于虚拟控制器同步、配置和分配给它的任务的控制措施，还包含用于管理真实控制器的控制功能。RobotStudio 允许使用离线控制器，即在 PC 上本地运行的虚拟 IRC5 控制器，这种离线控制器也被称为虚拟控制器（VC）；还允许使用真实的物理 IRC5 控制器（简称"真实控制器"）。

图 11-21　控制器功能选项卡

6）RAPID。"RAPID"功能选项卡（图 11-22）提供了用于创建、编辑和管理 RAPID 程序的工具和功能，可以管理真实控制器上的在线 RAPID 程序、虚拟控制器上的离线 RAP-ID 程序或者不隶属于某个系统的单机程序。

图 11-22　RAPID 功能选项卡

7）Add-Ins。"Add-Ins"功能选项卡（图 11-23）提供了 RobotWare 插件和一些组件等。

图 11-23　Add-Ins 功能选项卡

（2）常用工具简介

1)视图操作快捷键(表 11-2)。

表 11-2 视图操作快捷键

用途	使用键盘/鼠标组合	说明
选择项目	🖱	只需单击要选择的项目即可
平移工作站	\<Ctrl\>+ 🖱	按\<Ctrl\>键并单击鼠标左键,拖动鼠标对工作站进行平移
旋转工作站	\<Ctrl\>+\<Shift\>+ 🖱	按\<Ctrl\>+\<Shift\>键并单击鼠标左键,拖动鼠标对工作站进行旋转
缩放工作站	\<Ctrl\>+ 🖱	按\<Ctrl\>键并右击,将鼠标拖至左侧(右侧)可以缩小(放大)
使用窗口缩放	\<Shift\>+ 🖱	按\<Shift\>键并右击,将鼠标拖过要放大的区域
使用窗口选择	\<Shift\>+ 🖱	按\<Shift\>键并单击鼠标左键,将鼠标拖过该区域,以便选择与当前选择层级相匹配的所有选项

2)手动操纵按钮。

① 移动:在当前的参考坐标系中拖放对象。

② 旋转:沿对象的各轴旋转。

③ 拖拽:拖拽取得物理支持的对象。

④ 手动关节:移动机器人的各轴。

⑤ 手动线性:在当前工具定义的坐标系中移动。

⑥ 手动重定位:旋转工具的中心点。

⑦ 多个机器人手动操作:同时移动多个机械装置。

3)选择方式按钮。

① 选择曲线。

② 选择表面。

③ 选择物体。

④ 选择部件。

⑤ 选择组。

⑥ 选择机械装置。

⑦ 选择目标点或框架。

⑧ 选择移动指令。

⑨ 选择路径。

4）捕捉模式按钮。

① 捕捉对象。

② 捕捉中心点。

③ 捕捉中点。

④ 捕捉末端或角位。

⑤ 捕捉边缘点。

⑥ 捕捉重心。

⑦ 捕捉对象的本地原点。

⑧ 捕捉 UCS 的网格点。

5）测量工具的按钮。

① 点到点：测量视图中两点间的距离。

② 角度：测量两直线的相交角度。

③ 直径：测量圆的直径。

④ 最短距离：测量视图中两个对象间的直线距离。

⑤ 保持测量：对之前的测量结果进行保存。

3. 离线编程方式认知

软件中的编程方式有三种：虚拟示教器编程、工作站编程和 RAPID 编程。这里的 RAPID 编程是指在"RAPID"选项卡下直接编程。虚拟示教器编程和 RAPID 编程是实时同步的，在工作站中创建程序和数据后，需要单击"同步到 RAPID"，以便将工作站中的程序同步到控制器中。不同的离线编程方式的对比见表 11-3，用户可根据编程的难易程度及其对编程方法的掌握情况选择相应的离线编程方式。

表 11-3　不同的离线编程方式的对比

离线编程方式	适用对象	特点
虚拟示教器编程	熟悉在线编程,对软件使用不精通的编程人员	编程慢,操作烦琐
工作站编程	能够掌握基本软件使用方法的编程人员	编程较快,但需同步到 RAPID
RAPID 编程	精通 ABB 运动指令、逻辑指令并清楚指令组成的编程人员	编程快,操作简单,编程完毕后保存即可

（1）虚拟示教器编程　"控制器"选项卡中的"控制器工具"可以启动虚拟示教器,虚拟示教器和实际示教器的界面及功能相同,如图 11-24 所示。在不熟悉离线编程的情况下,可以启动虚拟示教器进行操作。使用虚拟示教器操作时,相关信号的创建、程序数据的建立以及程序的编辑等在软件中都能查看。

（2）工作站编程　如图 11-25 所示,在软件界面左上方的"路径和目标点"中可编辑程序,工具/工件数据的创建和目标点的示教在"基本"选项卡

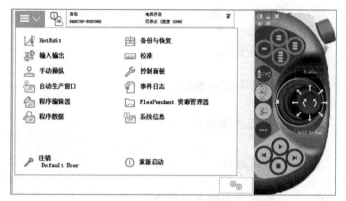

图 11-24　虚拟示教器

下便可完成,选中坐标系后右击可直接激活使用坐标系。示教的目标点一般在当前激活的工件坐标系下,右击目标点可以进行修改名称、复制、查看工具的位置、检测机器人是否到达以及添加到路径等操作。右键指令包含插入指令、编辑指令等。

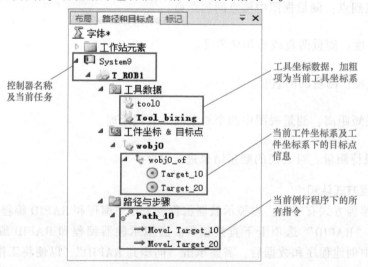

图 11-25　工作站程序界面

（3）RAPID 编程 将工作站中的程序和相关数据同步到 RAPID 中，如图 11-26 所示，相关指令和数据以类似文本的形式显示，可以随意选取、剪贴、复制、编辑相类指令，也可以通过键盘输入指令。

图 11-26 RAPID 界面

【课程总结】

本项目的主要内容如下：
1）常用的选项卡功能。
2）常用的工具栏功能。
3）工作站文件的定义。
4）工作站文件的创建方法及步骤。

【课程练习】

一、填空题

旋转视图的快捷键是＿＿＿＿＿＿＿＿＿＿＿。

二、思考题

如何设置 UCS 网格点之间的距离？

三、判断题

1. ABB 工业机器人仿真软件的版本不会更新。（   ）
2. ABB 工业机器人仿真软 RobotStudio 是免费的，不需要授权使用。（   ）
3. 在工业机器人工仿真软件中创建可编程序的工作必须创建工作站。（   ）

情境4 ABB工业机器人操作轨迹实训

项目12 工业机器人方形轨迹实训

【实训目标】

目标分类	学习目标分解	成果	学习要求
知识目标	了解程序的架构及组成	认知	掌握
	能看懂 RAPID 程序中的各条语句	认知	掌握
	掌握运动指令的组成及各项数据的含义	认知	掌握
技能目标	学会新建一个例行程序	行动	熟练掌握
	添加 MoveAbsJ 指令并设置 Home 点数值	行动	熟练掌握
	添加 MoveJ、MoveL 指令并学会使用	行动	熟练掌握
	完成程序的调试运行	行动	熟练掌握

【课程体系】

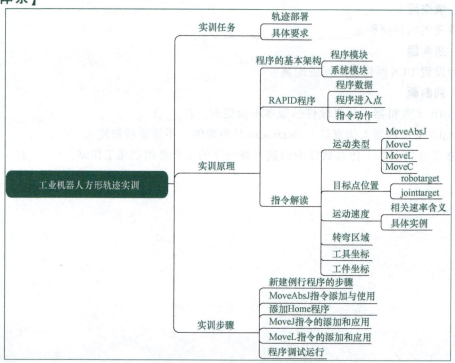

情境4 ABB工业机器人操作轨迹实训

【实训描述】

掌握了手动操纵机器人的方法和相关操作准备后,就可以开始具体的实训练习,即让机器人在程序指令下自动运行。首先应了解程序的基本框架和 ABB 所使用的程序语言,然后熟悉使机器人动作的指令,以及指令的基本组成和其中各项数据的含义,本实训是完成工业机器人方形轨迹练习。

12.1 实训任务

使用示教器编程,使机器人完成图 12-1 所示的运行轨迹,图中已给出相关指令下的速度。转弯区数据"MoveL"指令必须用"fine",其他指令不做规定。开始和结束为 Home 点;数据为 rax_5 = 90.0,其余为 0.00。

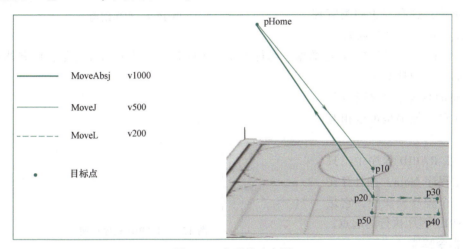

图 12-1 方形轨迹实训

12.2 实训原理

1. 程序的基本架构

ABB 程序存储器由程序模块(Program)与系统模块
(System)组成。如图 12-2 所示,所有 ABB 机器人都自带 USER 与 BASE 两个系统模块,由于这两个系统模块是用于定义机器人各项参数的程序,因此建议不要对其做出修改。通常创建的模块属于程序模块(Program),在程序模块下可以有多个例行程序,用于对程序进行划分和在主程序中调用。

ABB 使用的是 RAPID 编程语言,这是一种英文编程语言,其包含的指令可以使机器人做出相应的动作、设置输出、读取输入,还能实现决策、重复其他指令、构造程序与系统操作员交流等功能。RobotStudio 应用程序就是使用 RAPID 编程语言的特定词汇和语法编写而成的。

如图 12-3 所示,RAPID 程序在示教器的"编辑"界面中也有其使用架构,最上方显示当前的模块信息和程序数据信息;"PROC"后是当前程序名称,名称下是程序所使用的指令。最后,通过"ENDPROC"和"ENDMODULE"结束程序和模块。

RAPID 程序的架构主要有以下特点：

1）RAPID 程序由程序模块与系统模块组成。一般只通过新建程序模块来构建机器人程序，而系统模块多用于系统方面的控制。

2）可以根据不同的用途创建多个程序模块，如专门用于主程序的程序模块、用于位置计算的程序模块以及用于存放数据的程序模块等，这有利于归类管理不同用途的例行程序与数据。

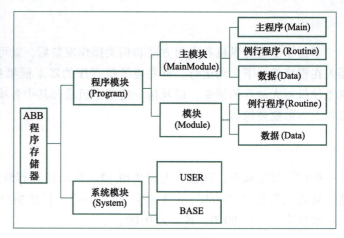

图 12-2　程序结构

3）程序模块可以包含程序数据、例行程序、中断程序和功能四种对象，但并非每一个模块中都有这四种对象。程序模块之间的数据、例行程序、中断程序和功能都是可以相互调用的。

4）在 RAPID 程序中，只有一个主程序 Main，并且存在于任意一个程序模块中，它是整个 RAPID 程序执行的起点。

2. 指令解读

ABB 指令分为动作指令和逻辑指令，本实训主要介绍动作指令的添加与使用方法。ABB 的基本动作指令有四种，即绝对位置运动指令（MoveAbsJ）、关节运动指令（MoveJ）、直线运动指令（MoveL）和圆弧运动指令（MoveC）。

本实训只涉及前三个指令。指令的基本组成如图 12-4 所示。

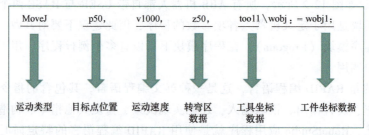

图 12-4　指令的基本组成

（1）运动类型

1）绝对位置运动（MoveAbsJ）。使用"MoveAbsJ"指令期间，机械臂的位置不会受到给定工具、工件以及有效程序位移的影响，机械臂运用该数据来计算负载、TCP 速度和拐角路径，机械臂和外轴沿非线性路径运动至目的位置，所有轴均同时到达目的位置。

2）关节运动（MoveJ）。关节运动是指工具在两个指定的点之间做任意运动，不进行轨迹控制和姿态控制，如图 12-5 所示。

3）线性运动（MoveL）。线性运动是指工具在两个指定的点之间沿直线运动，从开始点（p1）到目标点（p2）以线性方式对 TCP 移动轨迹进行控制，如图 12-6 所示。

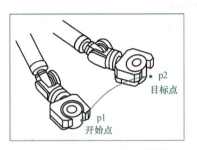

图 12-5　MoveJ 指令示意图

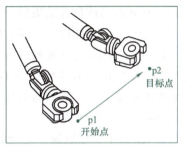

图 12-6　MoveL 指令示意图

（2）目标点位置　定义目标点位置的方法有两种。第一种方法是在工件坐标系下（如果未定义工件坐标系，则采用大地坐标系），包含工具方位、轴配置的位置数据，以 mm 为单位，x、y、z 的值表示目标点在坐标系中的位置，四元数（q1、q2、q3、q4）或欧拉角表示工具方位，所有运动指令后都可通过此位置数据表示目标点位置，数据类型为 robtarget。

第二种方法是根据工业机器人各个轴的旋转角度来确定目标点位置，以度（°）为单位，常用于绝对位置运动指令（MoveAbsJ）后，以确定机械臂或外轴移动到的位置，数据类型为 jointtarget。

如图 12-7 所示，想要表示 TCP 相对于坐标系的位置，可以通过四元数和轴配置数据来确定，也可以通过轴关节角度来表示（此状态下 5 轴下 30°，其余各轴为 0°）。

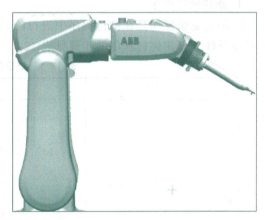

图 12-7　目标点位置的表达

（3）运动速度　速度数据的类型为 speeddata，速度相关定义数据如图 12-8 所示。其中 TCP 重定位速率和旋转外轴速率的单位为（°）/s。

	名称	值	数据类型
	speed1:	[1000, 500, 5000, 1000]	speeddata
TCP移动速率	v_tcp :=	1000	num
TCP重新定位速率	v_ori :=	500	num
线性外轴速率	v_leax :=	5000	num
旋转外轴速率	v_reax :=	1000	num

图 12-8　速度相关定义数据

可以在 speeddata 下自定义速度数据后，在程序中调用该数据；也可以直接使用系统定义的速度数据。ABB 系统中定义了一系列的速度数据供使用者直接调用。

例如，v1000 代表其 TCP 的移动速率为 1000mm/s，TCP 重新定位速率为 500 (°)/s，线性外轴速率为 5000mm/s，旋转外轴速率为 1000 (°)/s。

（4）转弯区域数据　转弯区域的数据类型为 zonedata，是用来定义 TCP 在当前位置结束后，向下一个位置移动前的转弯区域的数据。如图 12-9 所示，转弯区域数据设置为 z50 时，两轨迹的衔接较为流畅圆滑；若设置为 fine，则 TCP 准确到达目标位置后需停顿 0.1s 才能进行下一个动作。ABB 系统中定义了一系列转弯区域数据，从 z0～z200 不等，数值越大，转弯区域越大。

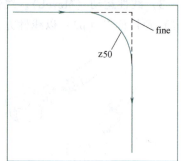

图 12-9　转弯区域数据

（5）工具/工件坐标数据　运动指令后是当前使用的工具/工件坐标系的数据，工具数据为 tooldata，工件数据为 wobjdata。有关工具/工件坐标系的详细介绍及创建过程详见坐标系设置部分内容。

12.3　实训步骤

1. 新建例行程序

程序的编辑操作是在例行程序中进行的，例行程序的创建是编程的前提和必要条件。新建例行程序的步骤见表 12-1。

表 12-1　新建例行程序的步骤

序号	操作步骤	图片说明
1	在主菜单栏下单击"程序编辑器"	
2	如果不存在程序模块，则系统会提示"是否需要新建程序，或加载现有程序？"，单击"取消"	

（续）

序号	操作步骤	图片说明
3	取消后会显示两个系统模块，单击"文件"，选择"新建模块"	
4	单击"新建模块"后，系统提示是否继续，单击"是"	
5	默认名称为Module，可进行修改，类型默认为Program，单击"确定"	
6	选中新建完成的模块，单击"显示模块"	

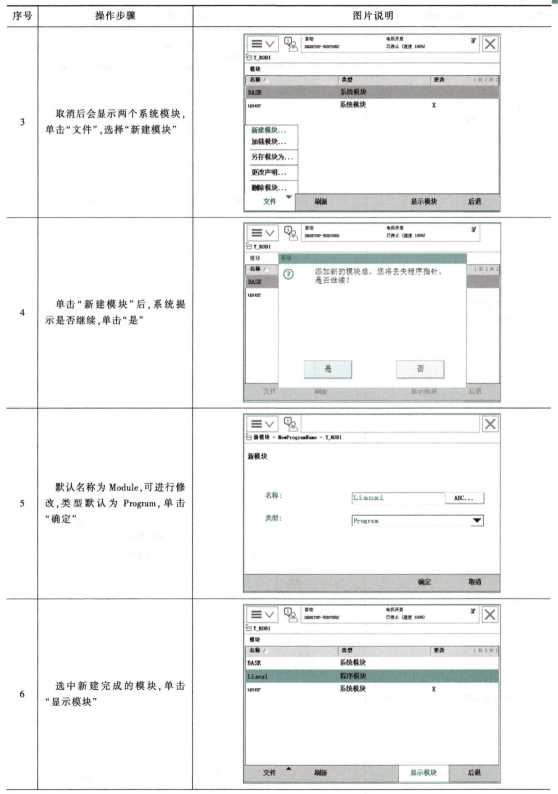

（续）

序号	操作步骤	图片说明
7	单击"例行程序"	
8	单击"文件"，选择"新建例行程序"	
9	新建的例行程序名称默认为Routine，可以进行修改，完成后单击"确定"	
10	新建例行程序后，可以在例行程序界面查看程序，单击"显示例行程序"	

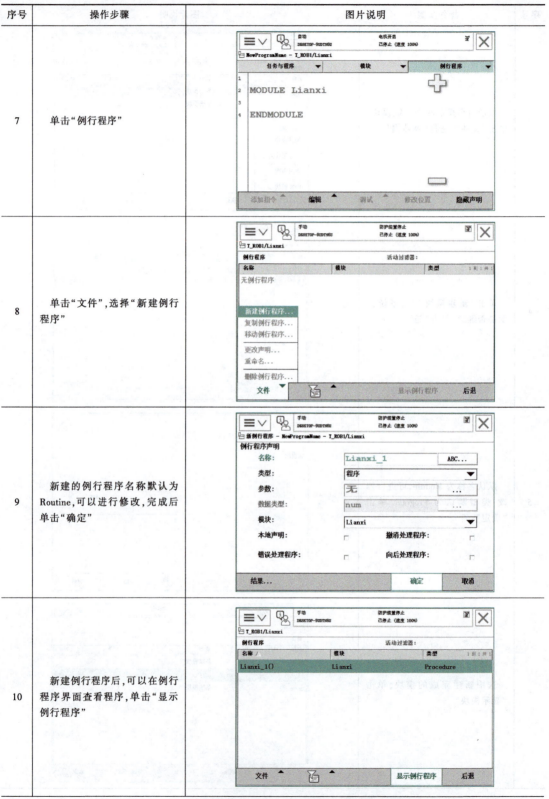

（续）

序号	操作步骤	图片说明
11	在当前显示的例行程序下显示<SMT>,完成新建例行程序的操作	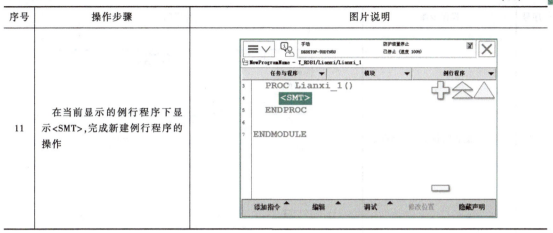

2. 添加 Home 程序

程序开始前都需要设立 Home 点，以便于机器人能够回到起始位置。添加 Home 点程序的步骤见表 12-2。

表 12-2 添加 Home 点程序的步骤

序号	操作步骤	图片说明
1	在新建的例行程序下,单击"添加指令",在右侧的菜单中选择"MoveAbsJ"	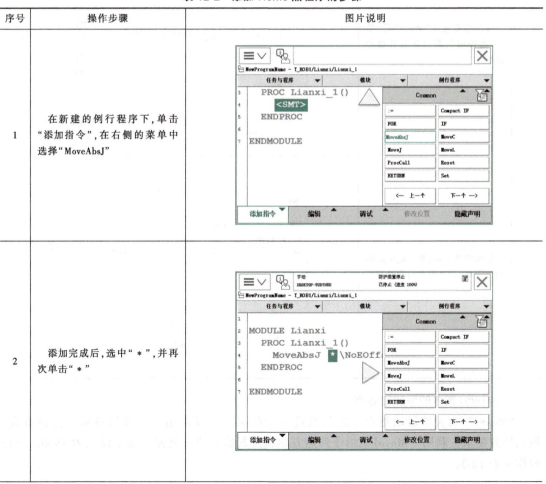
2	添加完成后,选中"*",并再次单击"*"	

(续)

序号	操作步骤	图片说明
3	单击"新建",新建关节轴数据	
4	将名称修改为"Home"后,单击"初始值",修改各关节轴的数据	
5	根据任务要求,将 rax_5 数据修改为 90,即 5 轴正向旋转 90°	

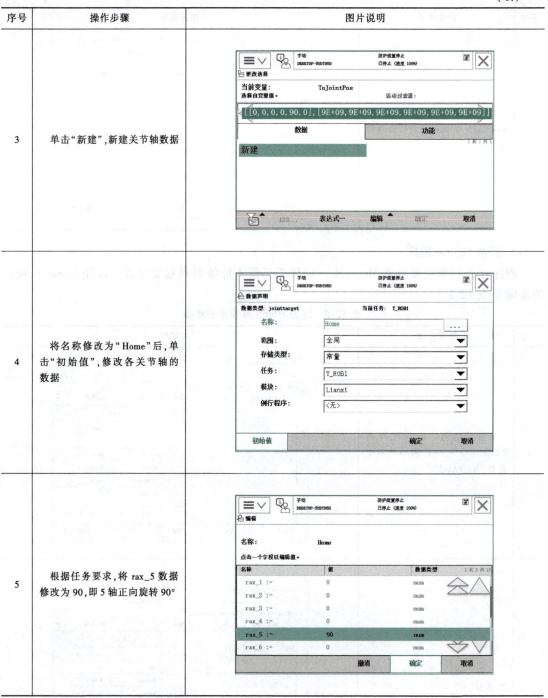

3. MoveJ 指令的添加和应用

"MoveJ"为关节运动指令,因其轨迹不受控制,所以常用于工作轨迹前的过渡准备。根据任务要求,利用"MoveJ"指令到达方形轨迹起始点的正上方,速度设置为 v800,具体操作见表 12-3。

表 12-3　MoveJ 指令的添加和应用

序号	操作步骤	图片说明
1	添加 Home 点程序后，单击"添加指令"，选择"MoveJ"	
2	弹出插入的位置提示，选择"下方"	
3	选中"＊"并再次单击"＊"，新建目标点数据	
4	名称默认为"p10"，单击"确定"，其类型属于 robtarget，初始值不做修改	

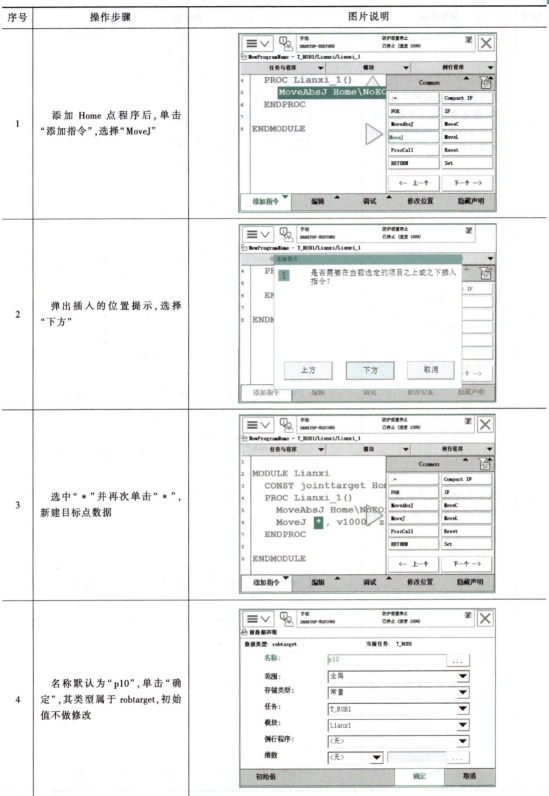

(续)

序号	操作步骤	图片说明
5	在示教器手动模式下长按使能键,使电动机处于开起状态。手动操纵机器人,使TCP处于方形轨迹上方	
6	在示教器界面选中"p10",单击"修改位置",在弹出的对话框中选择"修改"即可	
7	选中"v1000",并再次单击"v1000"进入选项界面	
8	向下翻页,选择"v800",单击"确定",完成速度的修改。至此,便完成了MoveJ指令的添加和应用	

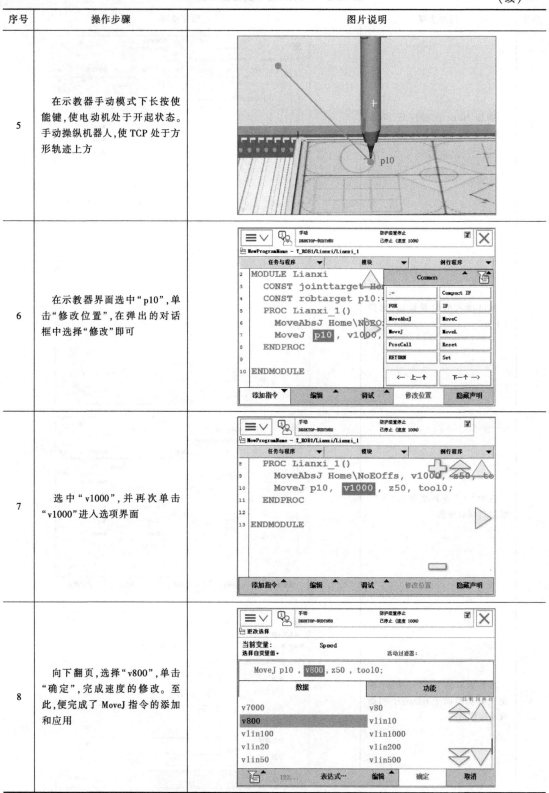

4. MoveL 指令的添加和应用

MoveL 为直线运动指令，可使机器人的 TCP 始终做线性运动。根据任务要求，方形轨迹使使用的 MoveL 指令速度为 v200，转弯区域数据为 fine，具体操作步骤见表 12-4。

表 12-4　MoveL 指令的添加和应用

序号	操作步骤	图片说明
1	单击"添加指令"，选择"MoveL"，系统将自动添加"p20"	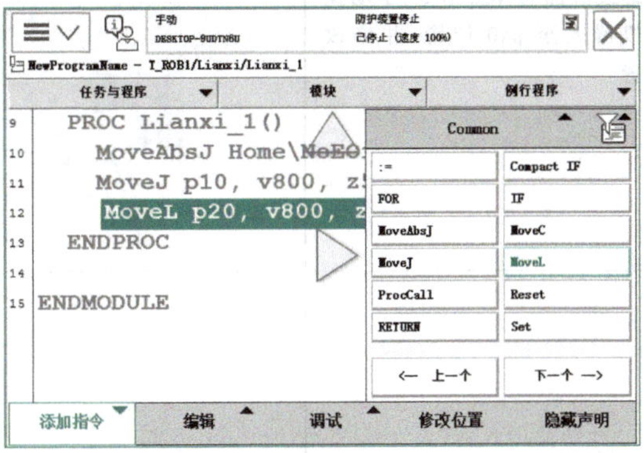
2	手动操纵机器人，使 TCP 处于方形轨迹的第一点。回到示教器并选中 p20，单击"修改位置"	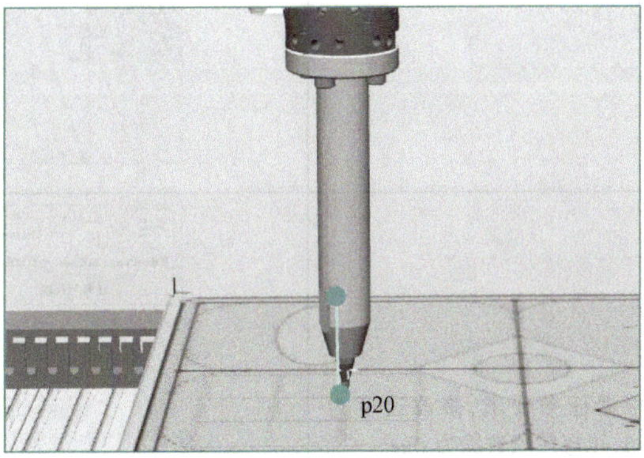
3	继续添加 MoveL 指令，手动操纵机器人至 p30 位置并修改位置	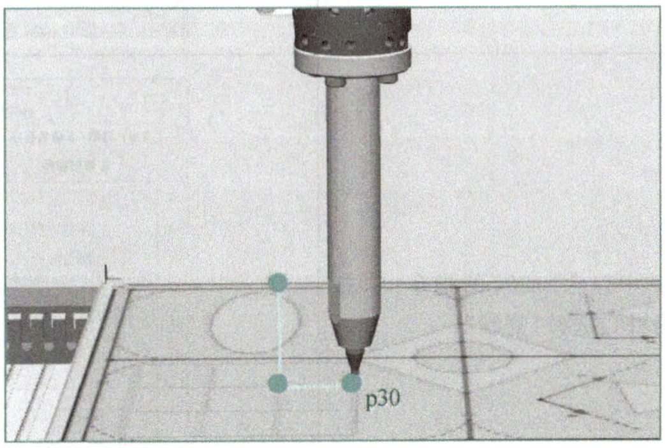

（续）

序号	操作步骤	图片说明
4	继续添加 MoveL 指令，手动操纵机器人至 p40 位置，并修改位置	
5	继续添加 MoveL 指令，手动操纵机器人至 p50 位置，并修改位置	
6	根据任务要求，修改速度为 v200，转弯区域数据为 fine	
7	选中包含"p20"的指令，单击"编辑"，选择"复制"	

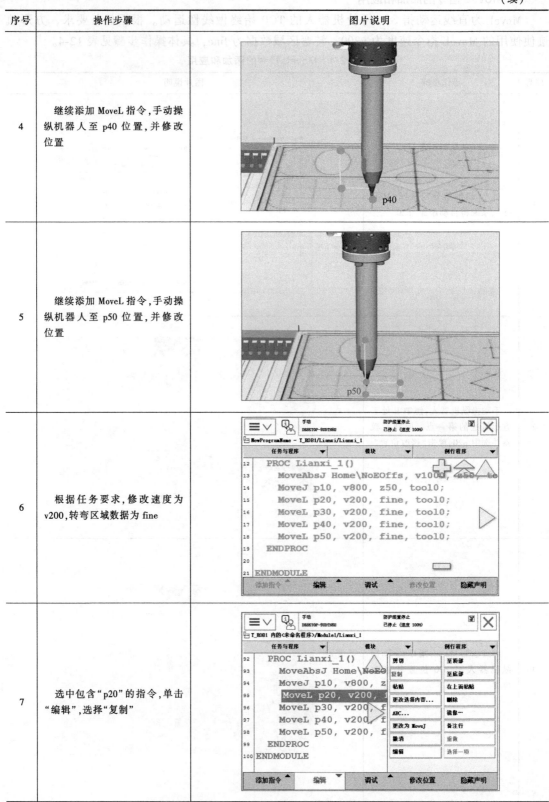

（续）

序号	操作步骤	图片说明
8	选中要复制位置的前一个指令，单击"粘贴"	
9	轨迹完成后，选中 MoveAbsJ 指令，单击"编辑"，选择"复制"	
10	选中要复制位置的前一个指令，单击"粘贴"	
11	复制 Home 点程序并粘贴至最后，完成方形轨迹的编程	

5. 程序调试运行

程序编辑完成后，需要根据实际情况进行调试，并根据调试中出现的问题优化和修改程序，掌握调试和修改程序的方法也是程序编辑的关键。相关调试按钮及操作提示如图 12-10 所示，具体调试步骤如下：

1) 单击"调试"打开调试菜单，单击"PP 移至例行程序"（图 12-10）。

2) 选中需要调试的例行程序，单击"确定"。

3) 长按使能键，使电动机处于开起状态，按下操作面板上的"程序开始"按钮，开始调试程序（注意：在不确定完全安全的情况下，可以先降速进行单步运行）。

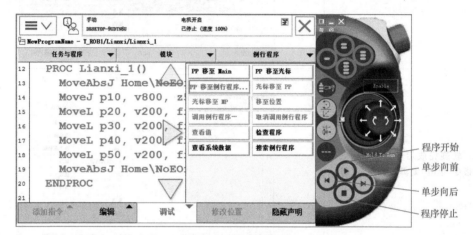

图 12-10　程序的调试

【实训总结】

本实训介绍了 ABB 程序存储器的程序模块和系统模块。在程序模块下可以创建新模块，模块下有很多例行程序，但只有一个名为 main 的主程序是程序的进入点。在例行程序中，可以添加指令编辑程序，动作指令由动作类型、目标点位置、速度、转弯区域数据和工具/工件坐标数据组成。动作类型分为四种，本实训使用了前三种，即 MoveAbsJ、MoveJ 和 MoveL。位置表达分为 robtarget 数据类型和 jointtarget 数据类型。MoveAbsJ 指令后是 jointtarget 数据类型，需要设置关节轴度数，其他动作指令均使用 robtarget 数据类型。关于速度数据和转弯区域数据，ABB 系统对其进行了部分定义，可以直接调用。特别需要注意的是，转弯区域数值越大，轨迹间的过渡越圆滑流畅，但到达目标点越不准确。因此，需要轨迹精准控制时应尽量使用 fine。当前指令使用的工具/工件坐标的创建和相关解释见项目 10。注意：刚开始操作时，可以先放慢运行速度或者单步运行，以保证人身和设备安全。

【实训练习】

一、判断题

1. ABB 程序存储由程序模块（Program）与系统模块（System）组成。（　　）

2. 用户可以任意创建程序模块和系统模块。（　　）

3. 在程序模块下可以新建多个例行程序。（　　）

4. 主程序可以创建多个进入点，但设置一个即可。（　　）

5. 程序中转弯区域的数值越大越好。(　　)

二、操作题

1. 新建例行程序并以"Lianxi_+(学号)"命名。

2. 在新建例行程序下，运用所学指令编辑任意形状轨迹，MoveAbsJ、MoveL、MoveL 须全部运用且能正常运行。

项目 13　工业机器人圆形轨迹实训

【实训目标】

目标分类	学习目标分解	成果	学习要求
知识目标	了解圆形轨迹指令的使用	认知	掌握
	了解圆弧指令的限制条件	认知	了解
	理解圆弧指令的解读	认知	掌握
技能目标	添加 MoveC 指令并学会使用	行动	掌握
	添加两个圆弧指令实现整圆轨迹控制	行动	掌握

【课程体系】

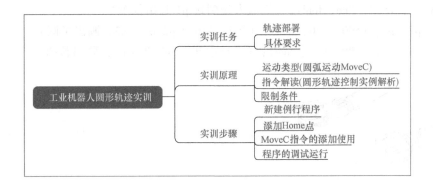

【实训描述】

方形轨迹实训中使用了 MoveAbsJ、MoveJ 和 MoveL 三种运动指令。圆形轨迹实训在此基础上加入了圆弧指令 MoveC，这样可以在学习 MoveC 指令的同时巩固上述三种运动指令。

13.1　实训任务

如图 13-1 所示，使用示教器编程使机器人完成相应的运行轨迹，图中给出了相关指令下的速度，目标点名称可以更改。

开始和结束为 Home 点；数据为 rax_5 = 90.0，其余为 0.00。

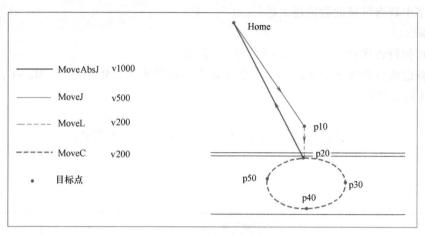

图 13-1 圆形轨迹实训

13.2 实训原理

1. 运动类型

圆弧运动（MoveC）是指工具在三个指定的点之间沿圆弧运动，从动作开始点通过经由点到目标点，以圆弧方式对 TCP 的移动轨迹进行控制。沿路径调整姿态的准确性仅取决于开始点和目标点处的姿态，如图 13-2 所示。

2. 指令解读

例如，工业机器人通过两个圆弧指令完成圆形轨迹，如图 13-3 所示。具体指令如下：
MoveL p1, v500, fine, tool1;（机器人先到达 p1 起始位置）
MoveC p2, p3, v500, z20, tool1;（经过经由点 p2 到达 p3，画出半圆）
MoveC p4, p1, v500, fine, tool1;（经过中间点 p4 到达 p1，画出整圆）

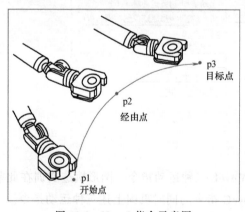

图 13-2 MoveC 指令示意图

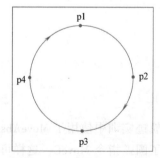

图 13-3 圆形轨迹示意图

3. 限制条件

使用圆弧指令时存在一些限制条件（图 13-4），当不符合圆弧执行的条件时，机器人会发出报警，同时系统会提示"不确定的圆"，具体原因如下：

1) 开始点离目标点太近。

2）经由点离开始点或目标点太近。

3）机器人未到达开始点便开始执行圆弧指令。

4）经由点与目标点形成的角度 β >240°。

13.3 实训步骤

生成圆形轨迹的步骤与生成方形轨迹的步骤基本相同，前期的新建例行程序以及添加和使用 MoveAbsJ、MoveJ、MoveL 指令的步骤可参考方形轨迹实训的步骤，其主要步骤见表 13-1。

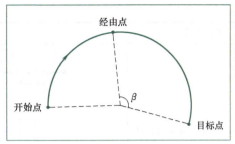

图 13-4 限制条件

表 13-1 圆形轨迹实训步骤

序号	操作步骤	图片说明
1	在新建的例行程序中添加 MoveAbsJ 指令，并修改 Home 点，5 轴旋转角度值为"90"	
2	添加 MoveJ 指令，按下使能键，使电动机开起，手动操纵机器人至 p10，在示教器中修改位置	
3	继续添加 MoveL 指令，手动操纵机器人至 p20 位置，并修改位置	

（续）

序号	操作步骤	图片说明
4	添加 MoveC 指令,系统将自动填入目标点 p30、p40	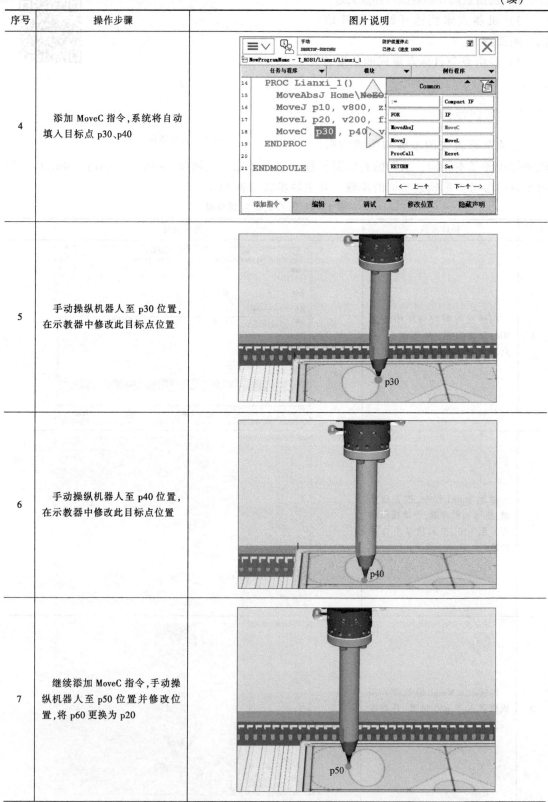
5	手动操纵机器人至 p30 位置,在示教器中修改此目标点位置	
6	手动操纵机器人至 p40 位置,在示教器中修改此目标点位置	
7	继续添加 MoveC 指令,手动操纵机器人至 p50 位置并修改位置,将 p60 更换为 p20	

(续)

序号	操作步骤	图片说明
8	复制 Home 指令并粘贴在最后,全部轨迹编辑完成,使用示教器进行调试即可	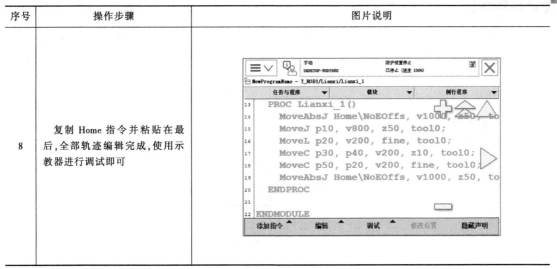

【实训总结】

本实训介绍了 MoveC 指令及其应用。与其他指令不同的是,MoveC 指令的目标点有两个:第一个目标点是圆弧圆周上的点,一般情况下取圆弧的中点;第二个目标点是圆弧的结束点。

【实训练习】

操作题

使用 MoveC 指令编辑圆形轨迹程序并调试运行。

项目 14　工业机器人字体轨迹实训

【实训目标】

目标分类	学习目标分解	成果	学习要求
知识目标	了解 RobotStudio 的界面布局	认知	掌握
	了解离线编程的方式	认知	了解
	了解路径和目标点下的各部分内容	认知	掌握
技能目标	使用 RobotStudio 创建空工作站	行动	掌握
	创建机器人系统和工具	行动	掌握
	使用软件的自动路径功能完成字体轨迹编程	行动	掌握
	优化自动路径和程序并仿真运行	行动	掌握

【课程体系】

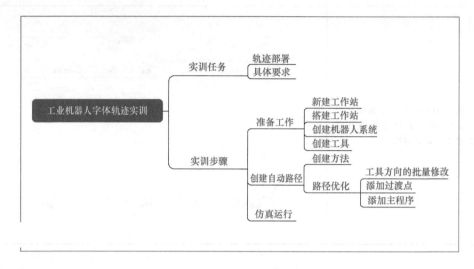

【实训描述】

本实训的内容是字体轨迹编程，由于字体轨迹较为复杂，再使用在线编程示教目标点的方法显然就很费时费力，这里引入离线编程的方法来创建字体轨迹程序。

14.1 实训任务

利用离线编程软件 RobotStudio 的自动路径功能完成字体轨迹的编程，如图 14-1 所示。

图 14-1 字体轨迹的编程

14.2 实训步骤

1. 准备工作

（1）新建工作站　打开 RobotStudio，单击"新建"选项卡，双击"空工作站"或单击右下角的"创建"按钮，进入软件主界面，如图 14-2 所示。

情境4 ABB工业机器人操作轨迹实训

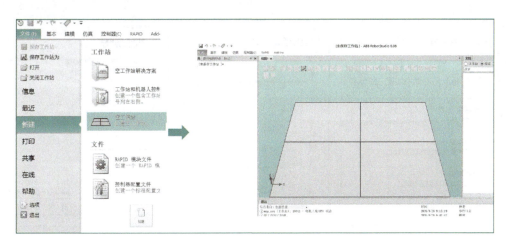

图 14-2 新建工作站

（2）搭建工作站　新建完成空的工作站后，需要搭建实际的工作站情境，可以根据实际的编程需要导入相应的模型，这里导入简易的桌子和一个字体模型用于轨迹编程，并在 ABB 模型库中导入 IRB120 机器人，如图 14-3 所示。

注意：模型的格式必须为 RobotStudio 支持的格式，常用的是 STEP 和 IGES。

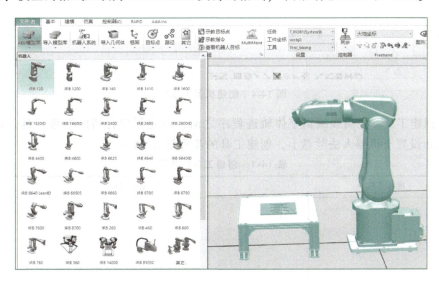

图 14-3 搭建工作站

（3）创建机器人系统　创建机器人系统（图 14-4）的步骤如下：
1) 单击"机器人系统"，选择"从布局…"（图 14-4a）。
2) 在弹出的对话框中更改系统名称，选择相应的系统，单击"下一个"（图 14-4b）。
3) 工作站中的机械装置会显示在对话框中，单击"下一个"即可（图 14-4c）。
4) 在弹出的对话框中单击"选项"按钮，配置系统参数（图 14-4d）。
5) 在"Default Language"中选择中文，"Industrial Networks"选择第一个选项（图 14-4e）。

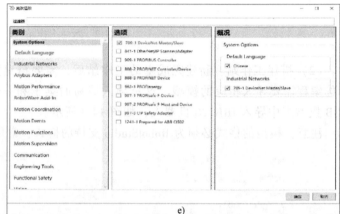

图 14-4 创建机器人系统

（4）创建工具　在离线编辑字体轨迹程序之前，应先创建合适的笔形工具，设定好位置并将 TCP 设置于机器人法兰盘上，创建工具的步骤见表 14-1。

表 14-1 创建工具的步骤

序号	操作步骤	图片说明
1	在"基本"选项卡下单击"导入几何体"，导入笔形工具，并将模型移动至坐标系原点位置	

(续)

序号	操作步骤	图片说明
2	单击"建模"菜单下的"创建工具"按钮,组件使用导入的笔形工具	
3	通过视图上方的捕捉工具选取笔尖作为 TCP,数值自动导入后单击右侧按钮,出现 TCP 名称后单击"完成"	
4	创建完成后,在左侧布局状态栏中拖拽笔形工具至机器人,或右击选择安装到机器人上	

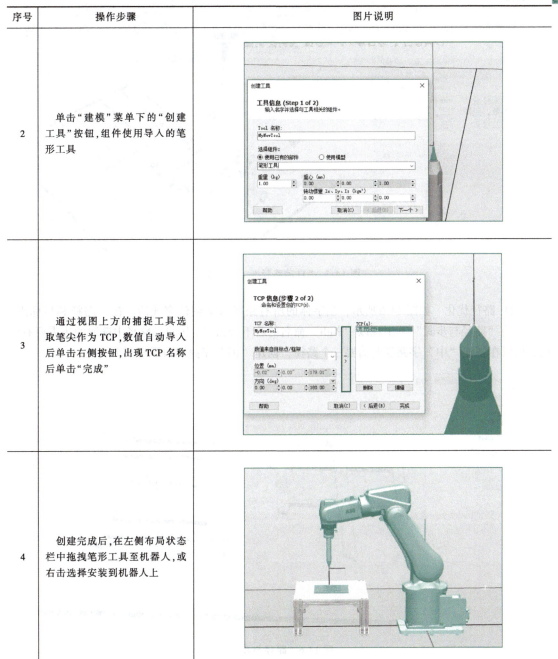

2. 创建自动路径

(1) 创建方法　RobotStudio 具有自动路径生成功能,在"基本"选项卡下单击"路径"中的"自动路径"功能,弹出"自动路径"界面,如图 14-5 所示。软件自动将对象切换为表面,捕捉对象切换为边缘。选取字体的边至界面中,根据需要设置自动创建路径的偏移量、运动类型和最小距离等。需要注意的是创建路径中的指令和软件右下角显示的当前指令,在程序较多的情况下应先对其进行设置,以免在创建完成后再做整体修改。

ABB工业机器人在线编程

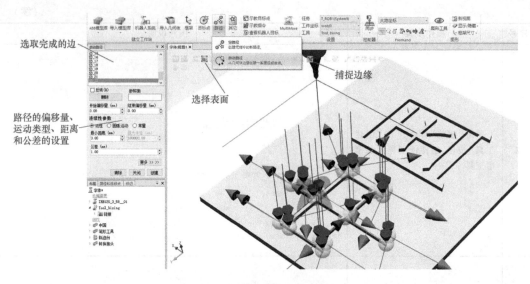

图 14-5 "自动路径"功能介绍

（2）路径优化　如图 14-6 所示，当字体的所有路径自动创建完成后，在"路径和目标点"一栏中的"路径与步骤"下出现以"Path"命名的若干个路径。因自动路径中选取的边需要有连接，所以在创建"中"字路径时需要三个路径，创建"国"字路径时需要四个路径。

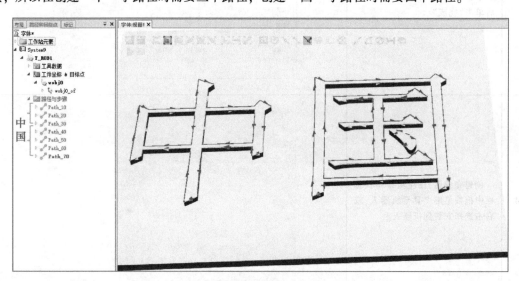

图 14-6　路径与步骤

1）工具方向的批量修改。自动创建的路径在不进行修改配置的情况下，很容易出现机器人到达不了的情况，即轴配置错误或出现奇异点。为避免这一情况发生，通常需要修改自动创建的目标点的工具方向，具体步骤见表 14-2。

2）添加过渡点。为了使机器人的运行轨迹更符合实际情况，通常在运行完一部分后回到一个安全位置，然后再进行下一部分轨迹的运行，这一步在后续熟悉了编程指令后可以通过偏移指令来实现，这里通过添加一个简单的过渡点来实现，具体步骤见表 14-3。

表 14-2 工具方向的批量修改

序号	操作步骤	图片说明
1	选中 Target_10 目标点，右击"查看目标处工具"，确定该目标点的工具方向，可以通过旋转进行调节	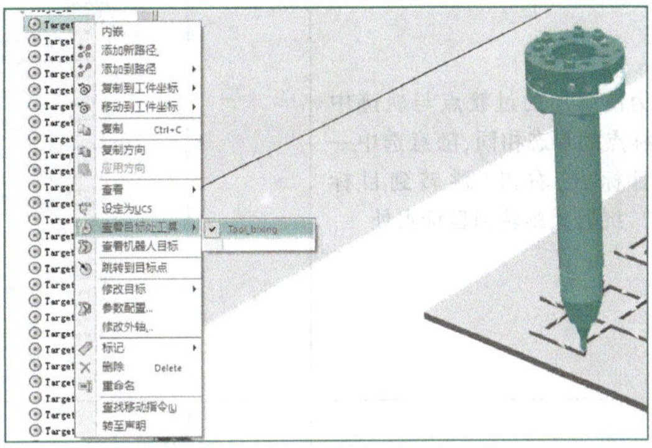
2	使用<Shift>键将剩余的目标点全部选中，右击"修改目标"，选择"对准目标点方向"	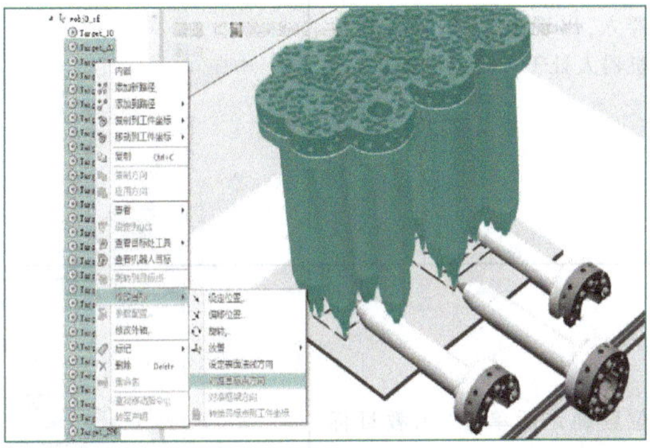
3	在弹出的选择框中，参考点选择 Target_10，取消勾选"锁定轴"复选框，分别对准 X、Y、Z 依次单击使其应用	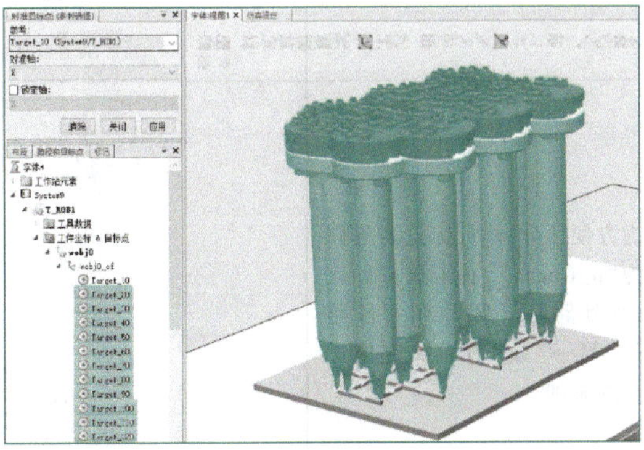

表 14-3 添加过渡点的步骤

序号	操作步骤	图片说明
1	为使添加的过渡点与轨迹中目标点的形态相同,随意选中一个目标点,右击"跳转到目标点",机器人跳转到目标点处	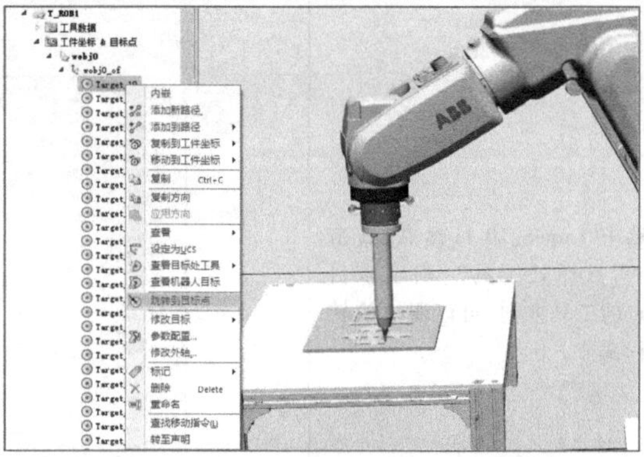
2	选中"手动线性"工具,单击机器人,出现坐标后,拖拽坐标使机器人处于过渡点位置	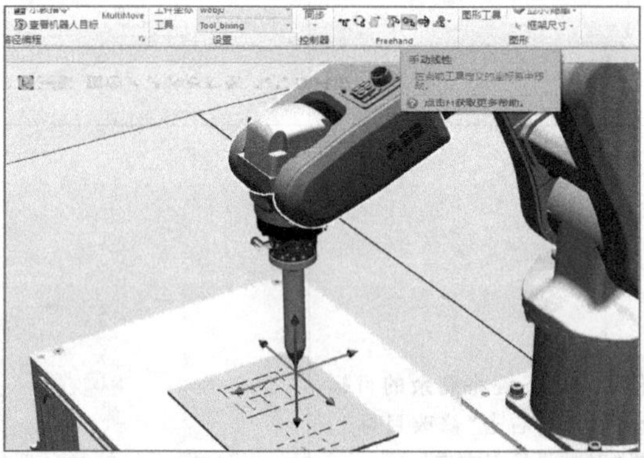
3	位置确定后单击"示教目标点",在"路径和目标点"下的最后一个即为刚示教的目标点,软件下面的输出窗口也有相关提示	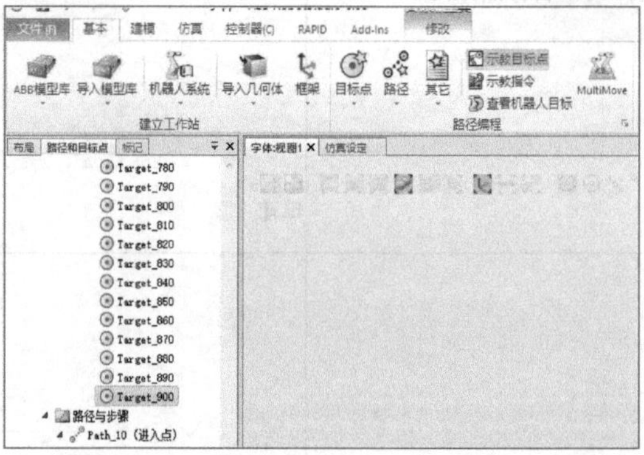
4	为方便区分,将目标点名称修改为"p_Guodu",右击该目标点"添加到路径",添加到每段路径的"第一"或"最后",完成过渡点的添加	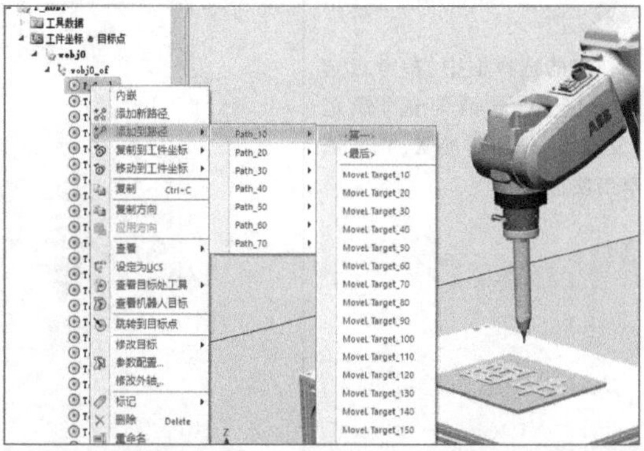

3）添加主程序。一个完整的程序需要有主程序，在主程序中可以调用子程序或添加逻辑指令，主程序是程序运行的进入点。添加主程序的相关步骤见表 14-4。

表 14-4　添加主程序的相关步骤

序号	操作步骤	图片说明
1	右击"路径与步骤"，选择"创建路径"，生成新的路径 Path_80	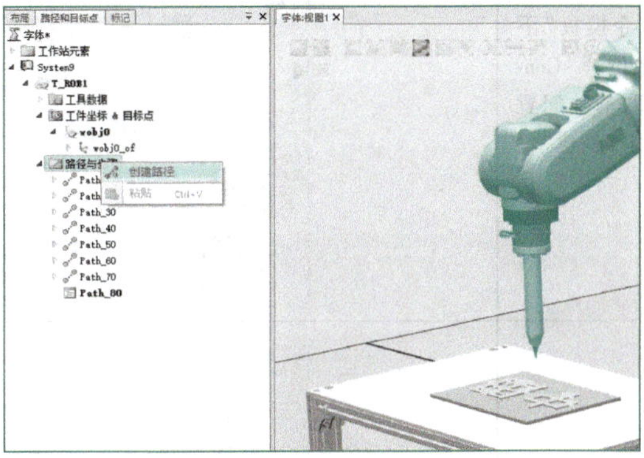
2	将名称修改为"main"，选中子程序并拖拽至"main"主程序中	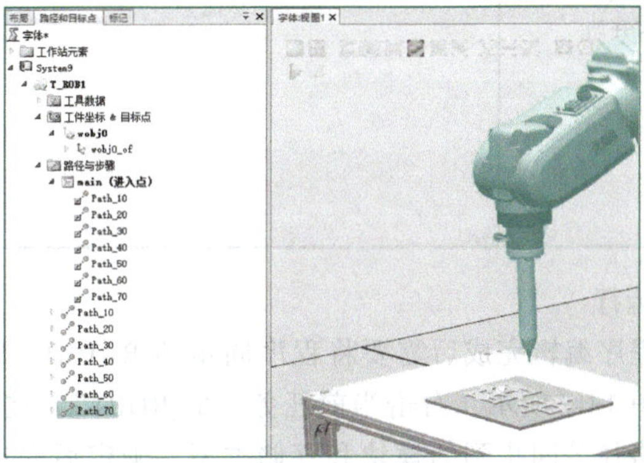
3	在主程序中插入一条"取消轴配置"指令，在主程序中右击选择"插入逻辑指令"	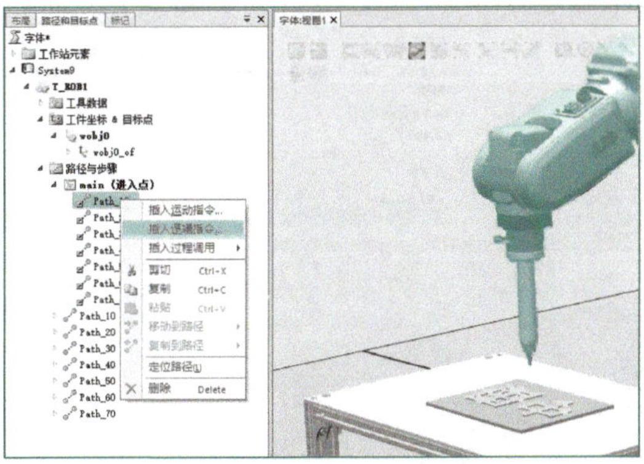

(续)

序号	操作步骤	图片说明
4	在"指令模板"下拉菜单中选择"ConfL Off",取消轴配置指令,单击"创建"	
5	调整指令位置至主程序的开始	

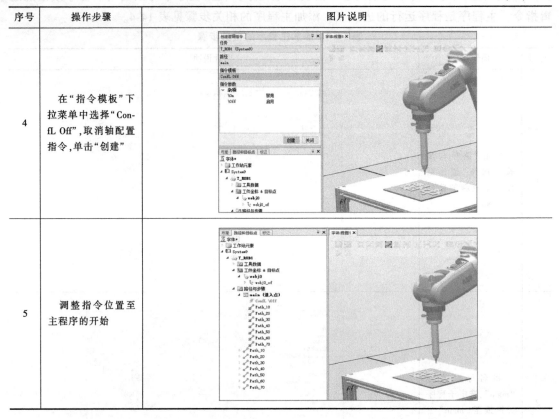

3. 仿真运行

工作站程序编辑完成后需要将程序同步到 RAPID,同步完成后才可以在仿真环境中运行程序。如图 14-7 所示,右击当前任务"T_ROB1",选择"同步到 RAPID",单击后系统提示坐标系路径等同步到的模块和存储类型,确定后完成同步。在"仿真"下选择"仿真设定",确定当前仿真的进入点无误后,单击"播放"观看机器人运行情况。

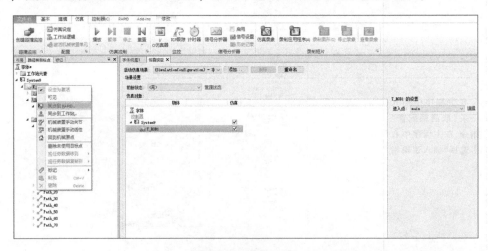

图 14-7 仿真运行

【实训总结】

本实训介绍了离线编程软件 RobotStudio 以及离线编程的三种方式（虚拟示教器、工作站和 RAPID），其中工作站编程需要同步到 RAPID 实现程序的仿真运行。编程之前的准备工作包括搭建工作站、创建系统以及创建工具等。准备工作完成后，利用自动路径功能创建字体轨迹，进一步对路径进行工具方向的修改、过渡点的添加以及主程序的添加等操作。完成后将程序同步到 RAPID 并确认仿真的进入点，单击"播放"即可。

【实训练习】

操作题

1. 使用离线编程软件 RobotStudio 搭建工作站并创建系统和相应的工具。
2. 使用自动路径功能编辑任意字体轨迹，对轨迹进行优化后同步到 RAPID 仿真环境并播放。

项目 15　工业机器人程序管理实训

【实训目标】

目标分类	学习目标分解	成果	学习要求
知识目标	了解程序的备份与加载外部程序	认知	掌握
	了解例行程序的移动和删除	认知	了解
技能目标	完成程序的备份与加载	行动	掌握
	实现例行程序的移动和删除	行动	掌握
	完成离线程序的导入	行动	掌握

【课程体系】

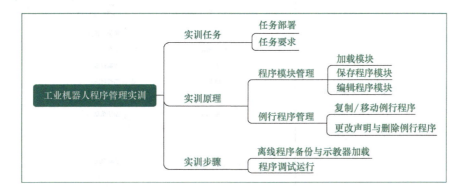

【实训描述】

通过之前实训的实施,学生更进一步地接触到了机器人程序,无论是使用示教器编程还是离线编程,都需要对程序进行编辑和管理。之前简要介绍了模块的创建和例行程序的创建,本实训将详细介绍程序模块的保存、加载、删除、更改声明及例行程序的复制、移动、删除等内容。同时以将实际的离线程序导入示教器程序为实训任务,并介绍在程序导入示教器后如何进行准确的调试。

15.1 实训任务

将离线编制的字体轨迹程序传输到实际的示教器当中,并调试运行,如图 15-1 所示。

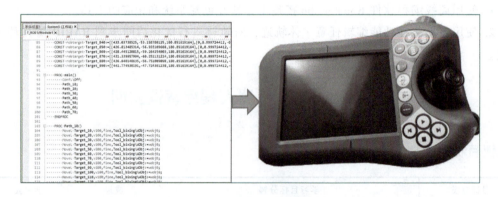

图 15-1 程序与示教器

15.2 实训原理

1. 程序模块管理

(1) 加载模块　模块的加载可将外部程序模块加载到示教器当中,具体步骤见表 15-1。

表 15-1 加载模块的步骤

序号	操作步骤	图片说明
1	打开主菜单栏,单击"程序编辑器"	(示教器主菜单界面截图)

(续)

序号	操作步骤	图片说明
2	在"文件"菜单栏中单击"加载模块"	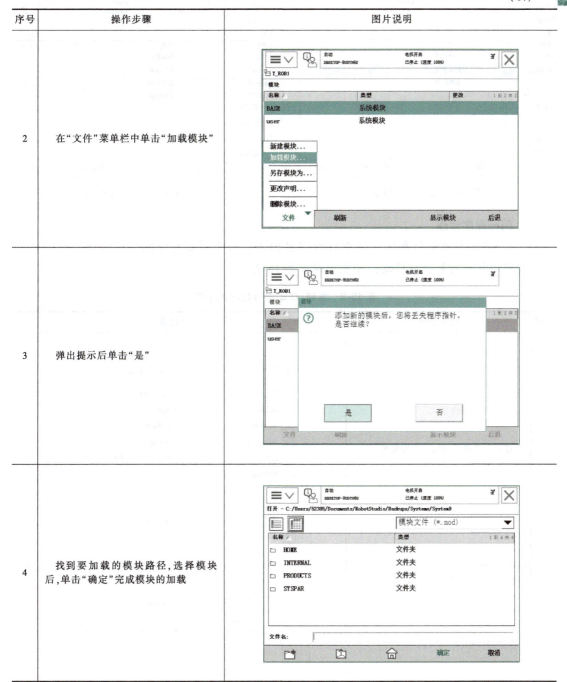
3	弹出提示后单击"是"	
4	找到要加载的模块路径,选择模块后,单击"确定"完成模块的加载	

（2）保存程序模块　选中要保存的模块,并单击"文件"菜单栏中的"另存模块为",如图 15-2 所示。选择程序的保存位置后单击"确定"即可。

（3）编辑程序模块　除了可以"新建""加载"和"保存"程序模块外,还可以通过"更改声明"来修改程序模块的名称和所属类型,通过"删除模块"将相关模块删除,如图 15-3 所示。

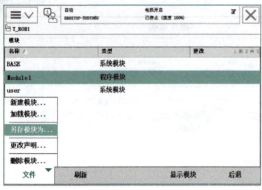

图 15-2 保存程序模块

图 15-3 编辑程序模块

2. 例行程序管理

（1）复制/移动例行程序 在例行程序界面下，选中所要操作的例行程序，单击"文件"即可对其进行复制或移动，相关步骤见表 15-2。

表 15-2 复制/移动例行程序的步骤

序号	操作步骤	图片说明
1	打开主菜单栏，单击"程序编辑器"	
2	单击"例行程序"	

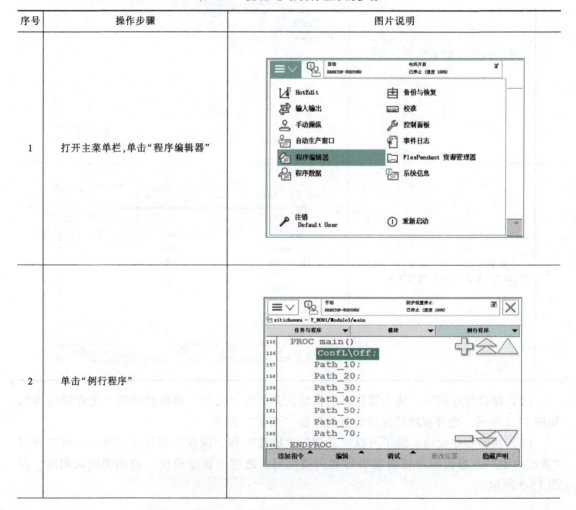

（续）

序号	操作步骤	图片说明
3	选中要复制的例行程序，在"文件"下选择"复制例行程序"	
4	名称可做修改，默认为名称+"Copy"，确认无误后单击"确定"	
5	选中要移动的例行程序，在"文件"中选择"移动例行程序"	
6	要移动的任务和模块可做修改，修改完成后单击"确定"	

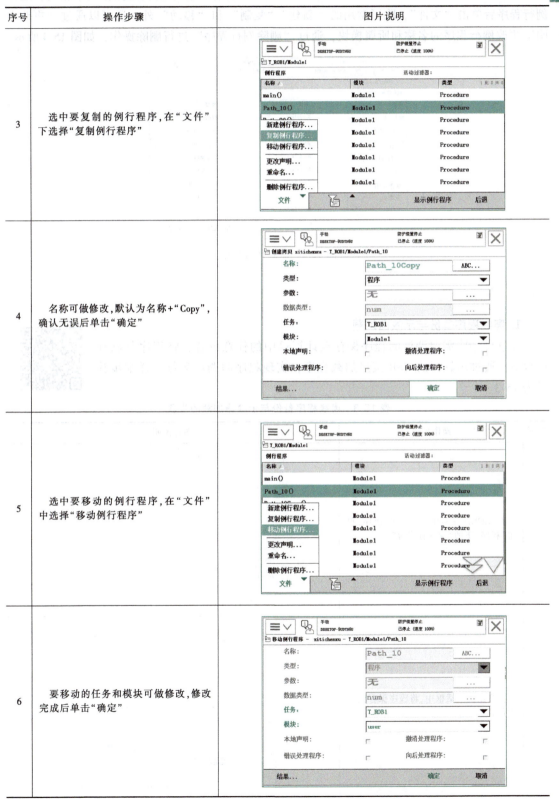

（2）更改声明与删除例行程序　例行程序的相关操作和程序模块的操作基本相同，选择例行程序后单击"文件"，除了常用的"新建""复制"和"移动"外，还可以通过"更改声明"更改例行程序的名称和所属模块，通过"删除例行程序"进行删除操作，如图15-4所示。

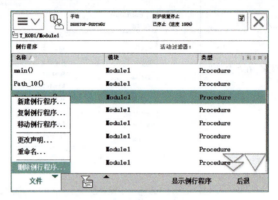

图 15-4　删除例行程序

15.3　实训步骤

1. 离线程序备份与示教器加载

在软件中将需要调试的程序保存至计算机中的任意位置，将程序复制到U盘中，通过示教器的USB接口加载程序，实现程序的调试运行，详细步骤见表15-3。

表 15-3　离线程序备份与示教器加载的步骤

序号	操作步骤	图片说明
1	在RAPID界面中选择当前程序，单击"程序"下的"保存程序为"	
2	在弹出的对话框中，将程序保存到任意位置	

情境4 ABB工业机器人操作轨迹实训

(续)

序号	操作步骤	图片说明
3	在"文件"下选择"加载程序",弹出"是否保存当前程序"对话框,单击"保存"	
4	定位到需要加载的程序后,单击"确定"完成加载	

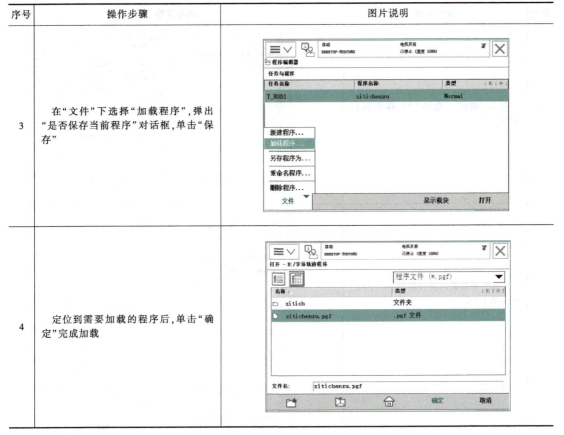

2. 程序调试运行

单击"调试",选择"PP 移至例行程序"后长按使能键,单击"开始"按钮,进行例行程序的整体调试运行。在调试本实训中的整段程序中,如果某段程序出现问题,需要以某条指令作为程序的开始进行调试时,应该如何操作呢?"PP 移至光标例行程序"调试的操作步骤见表 15-4。

表 15-4 "PP 移至光标例行程序"调试的操作步骤

序号	操作步骤	图片说明
1	在主菜单栏下选择"程序编辑器"	

(续)

序号	操作步骤	图片说明
2	单击"调试",选择"PP 移至例行程序…"	
3	选择需要调试的例行程序,如"Path_10",单击"确定"	
4	选择需要调试的某一指令作为程序的开始,单击"PP 移至光标"。长按使能键使电动机处于开起状态后,按下"开始"按钮	

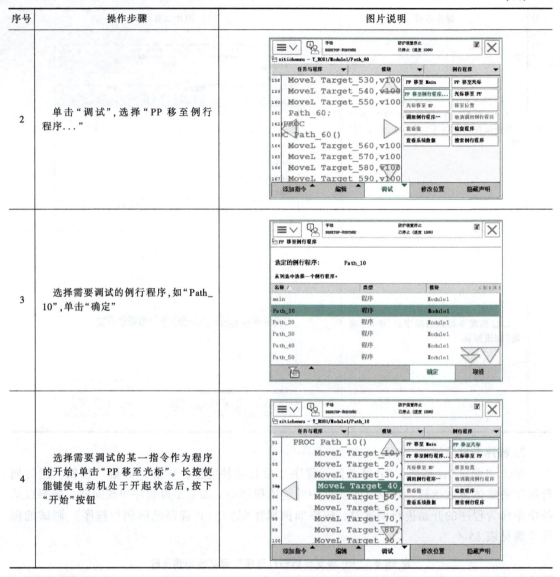

【实训总结】

通过本实训的实施,学生能够掌握程序模块的备份与加载操作,以及例行程序的复制、移动、删除等操作。在离线程序编辑完成后,将其保存至 U 盘中,通过示教器的 USB 接口读取 U 盘中的程序,进行离线程序的实际调试。在调试过程中,若需要单独调试某段程序或某一指令,则可以使用"PP 移至光标"的操作完成。

【实训练习】

操作题

1. 保存离线程序至 U 盘并通过示教器成功加载。
2. 选择一段例行程序,先将其保存至 U 盘,删除后再次加载。

情境5 ABB工业机器人夹具应用实训

项目16 工业机器人夹具认知

【学习目标】

目标分类	学习目标分解	成果	学习要求
知识目标	了解夹具的组成	认知	掌握
	了解气动系统的组成	认知	了解
	掌握夹具的气动控制原理	认知	掌握
技能目标	学会I/O信号的创建及分配操作	行动	掌握
	置位信号并完成夹具的安装	行动	熟练掌握

【课程体系】

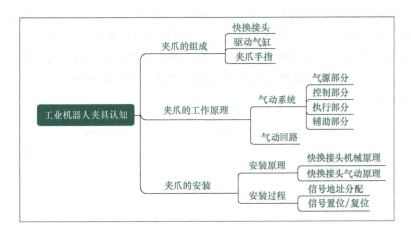

【课程描述】

    夹具是在制造过程中用来固定加工对象，使其保持在正确位置以接受加工或检测的装置，如焊接夹具、装配夹具等。工业机器人的夹具安装在工业机器人法兰盘上，主要用于机床上下料、工件码垛拆垛、焊接及装配等自动化无人工厂中。在机器人工作前，需要结合实际工件的不同特征选择合适的夹具。本项目以夹爪为例，详细介绍其组成、工作原理和安装方法。

16.1 夹爪的组成

本项目涉及的夹爪的结构形式为平行开闭式,驱动方式为气压驱动,主要由快换接头、驱动气缸以及夹爪手指组成,如图 16-1 所示。快换接头与机器人第六轴上的快换接头连接,实现夹爪的安装;驱动气缸驱动手指完成抓取和松开动作。

1) 快换接头。夹爪侧的快换接头和机器人侧的快换接头连接,可实现夹爪的固定安装。

2) 驱动气缸。驱动气缸是夹爪的主要执行机构,因为夹爪需要手指能够松开和夹紧,所以选用双作用手指气缸。双作用手指气缸可以分别输入和压缩空气,能够实现双向运动。

3) 夹爪手指。夹爪手指用于抓取物料,可根据抓取物料的不同相应地更改手指的抓取方式和手指结构。

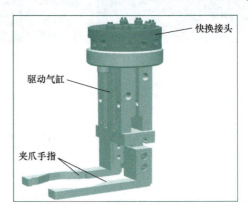

图 16-1 夹爪的组成

16.2 夹爪的工作原理

1. 气动系统

气动系统的工作原理是:利用空气压缩机将电动机或其他原动机输出的机械能转变为空气的压力能,然后在控制元件的控制下和辅助元件的配合下,通过执行元件把空气的压力能转变为机械能,从而完成直线或回转运动并对外做功。气动系统一般包括气源部分(气压发生装置)、气动控制部分(控制元件)、气动执行部分(执行元件)和气动辅助部分(辅助元件)。如图 16-2 所示,夹爪气源选用供气压力不小于 0.6MPa 的小型空气压缩机,经过辅助元件排水分离器的干燥处理和消声器的消声、滤尘处理后的气源,通过控制元件调压阀调节系统压力,由二位五通电磁换向阀控制气源的方向,最后通过执行元件双作用气缸完成夹爪的夹紧和松开。

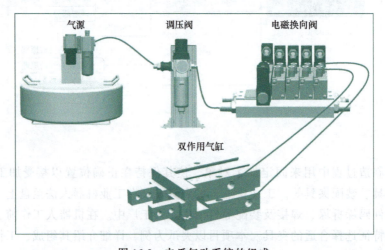

图 16-2 夹爪气动系统的组成

2. 气动回路

气动回路一般将对空气压缩机输出的压缩空气进行干燥和稳压处理，再投入使用。由于夹爪需要松开和夹紧工件，即需要实现对执行元件的换向操作，因此在压缩空气进入执行元件前，需要经过换向阀，夹爪气动控制回路如图 16-3 所示。

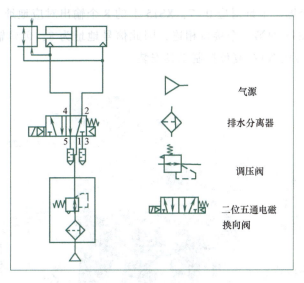

图 16-3　夹爪气动控制回路

16.3　夹爪的安装

1. 安装原理

如图 16-4 所示，夹爪通过装在快换接头上的定位销与工具端连接的定位销孔进行定位。安装工具时，机器人端快换接头的气动活塞向下推动钢珠，使其进入工具端快换接头的锁紧环中，钢珠卡在锁紧环中与其紧密结合；放下工具时，气体驱动活塞向上运动，钢珠在弹力的作用下与工具端快换接头的锁紧环脱离。

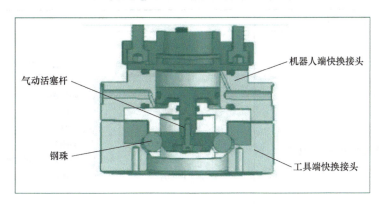

图 16-4　快换接头

2. 安装过程

由上述内容可知，工具的安装与放下就是通过气体驱动机器人端快换接头，使钢珠运动的过程，那么，如何利用信号控制钢珠的运动呢？IRB120型机器人机身只提供了气源通路，没有携带电磁阀，因此需要在外部添加。如图16-5所示，将夹爪和快换接头的气源接口与机器人上端气源接口连接，经后座的气源接口和减压阀与电磁阀端相连，电磁阀的输入端接机器人控制器的输出端。其中，控制器内部安装的DSQC652I/O信号板包含16个数字输出信号：XS14上的8个输出地址对应0~7，XS15上的8个输出对应地址8~15。如图16-5所示，电磁阀端口与XS15的第一个接口相连，因此信号地址为8，创建输出信号并将地址设置为8，即可通过信号的置位/复位控制工具安装。

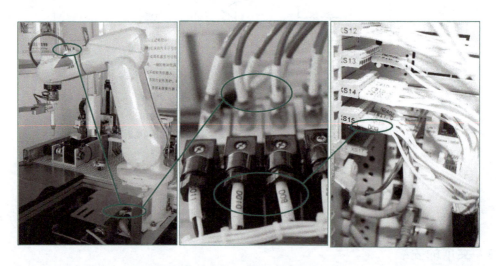

图16-5　气动控制实物图

（1）信号地址分配　创建输出信号分配地址步骤见表16-1。注意：如果实际设备中的信号地址已分配完毕，则可根据实际设备标注的名称或对照信号表明确信号分配情况，无须创建数字输出分配地址。

表16-1　创建输出信号分配地址的步骤

序号	操作步骤	图片说明
1	在主菜单栏中单击"控制面板"	

（续）

序号	操作步骤	图片说明
2	在"控制面板"下选择"配置"	
3	双击"Signal"或单击"显示全部"	
4	在"Signal"界面中单击"添加"	

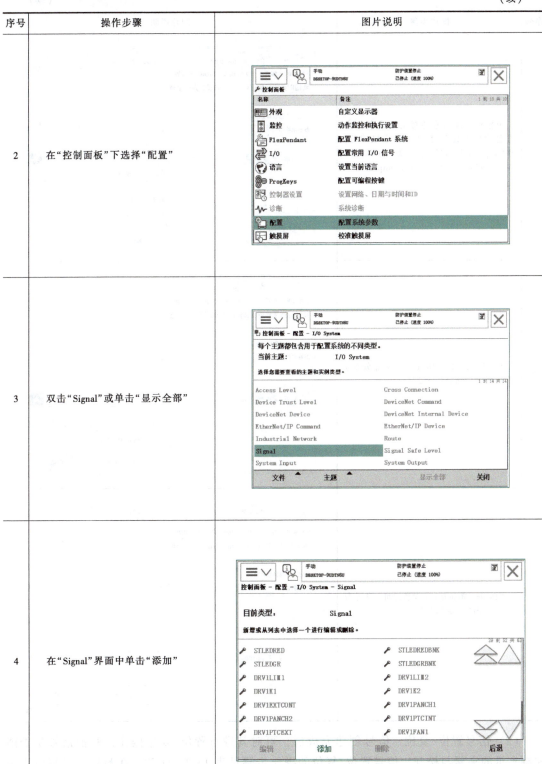

（续）

序号	操作步骤	图片说明
5	可根据实际信号的意义修改名称或在名称后加数字，只要方便记忆即可，在"Type of Signal"（信号类型）下拉列表中选择数字输出"Digital Output"	
6	在"Assigned to Device"（设备分配）下拉列表中选择"d652"	
7	"Device Mapping"（设备地址）设置为"8"，单击"确定"即可	

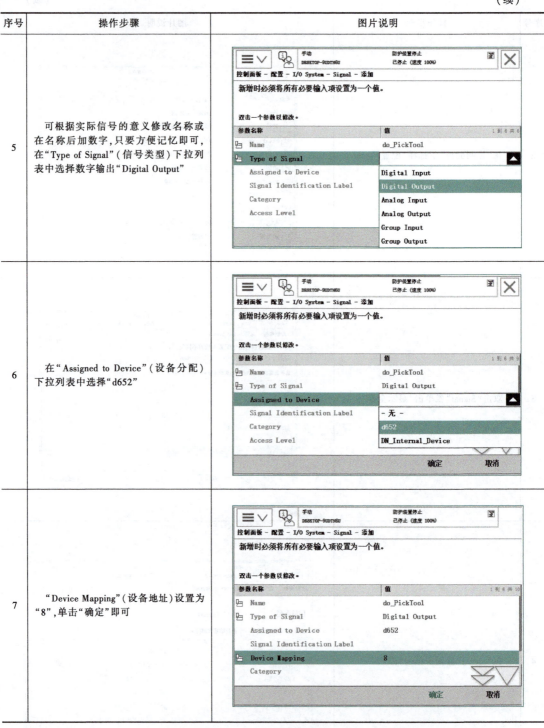

（2）信号置位/复位　信号创建完成后，可对其进行置位/复位操作，验证信号是否能控制夹爪的夹紧与松开。信号置位/复位的操作步骤见表16-2。注意：在验证信号复位夹爪是否松开时，应手持夹爪，防止夹爪或其他工具意外脱落造成损坏。

表 16-2　信号置位/复位的操作步骤

序号	操作步骤	图片说明
1	在主菜单栏中单击"控制面板"	
2	"控制面板"下选择"配置"	
3	单击 Signal,选择完 do_PickTool 信号之后,单击图中下面的"1"或者"0"就可以完成信号的置位和复位	

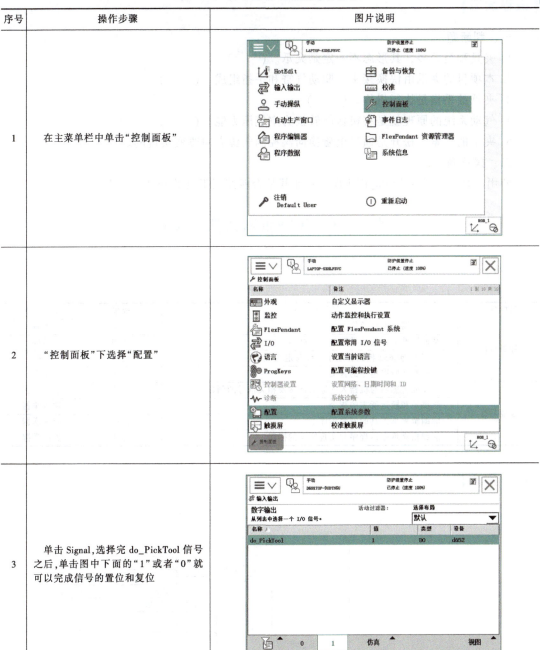

【课程总结】

通过本项目的学习,学生可对气动系统和夹爪的工作原理有一个简单的了解和初步的认识,明白气源如何通过处理和控制来影响夹爪的夹紧和松开,掌握快换接头安装的原理,即由气体驱动钢珠运动控制快换接头的安装,从而完成夹爪的安装。最后,根据实际信号分配情况配置 I/O,并验证 I/O 信号是否能控制工具的安装与放下。

【课程练习】

一、判断题

1. 夹具种类繁多，其形态不一定是夹爪。（　　）
2. 本项目的夹爪由快换接头、驱动气缸和手指组成。（　　）
3. 夹爪的手指是执行机构。（　　）
4. 气动系统的原理就是将机械能转换为空气压力能。（　　）
5. 夹爪的夹紧与松开是通过电磁换向阀控制气源方向改变实现的。（　　）

二、操作题

使用示教器置位信号 do_PickTool 验证其是否能控制工具的安装与放下。

项目 17　工业机器人搬运实训

【实训目标】

目标分类	学习目标分解	成果	学习要求
知识目标	了解机器人 I/O 通信	认知	了解
	掌握标准 I/O 板的类型和具体结构	认知	掌握
	掌握 DSQC652 板的各端子接线及定义	认知	掌握
	掌握搬运所需指令的含义	认知	掌握
技能目标	能完成传感器与机器人的通信连接及相关信号的创建	行动	熟练掌握
	能添加和搬运所需的指令	行动	熟练掌握
	能编辑夹爪工具的安装程序	行动	熟练掌握
	能编辑夹爪搬运程序并实现物料的搬运	行动	熟练掌握

【课程体系】

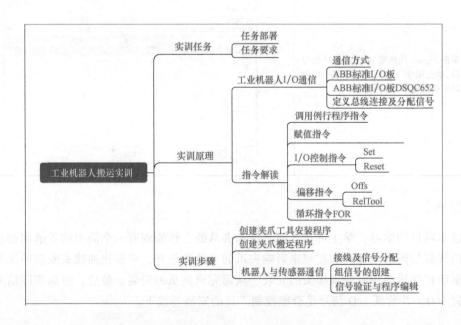

情境5 ABB工业机器人夹具应用实训

【实训描述】

本实训介绍了工业机器人的通信方式、搬运指令的应用及搬运程序的编辑。以 ABB 标准 I/O 板 DSQC652 为实例,介绍了其组成结构及各端口的实际连接和端口上的控制信号数量,详细介绍了总线连接、在示教器中实现总线连接的步骤,以及完成搬运编程所需指令的含义和添加步骤。

17.1 实训任务

如图 17-1 所示,现需要将物料库上方的长方体物料在示教一个抓取点的情况下,通过偏移指令和循环指令搬运至料仓上方。中间添加过渡点以防止碰撞,并使机器人在夹取完毕后回到 Home 点。注意:Home 点五轴为 90°,其余为 0°;工具安装信号为 Pick_tool,夹爪夹取信号为 Pick_Box。

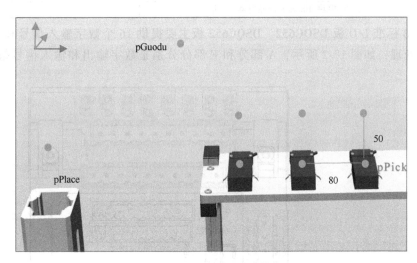

图 17-1 搬运实训

17.2 实训原理

1. 工业机器人 I/O 通信

如前文所述,夹具的安装过程就是一个简单的 I/O 通信过程,将控制夹具安装气缸的电磁阀信号线分配到控制器的输出,根据输出地址定义输出信号,即可完成夹具的安装。控制夹爪夹紧和松开的原理也是如此,那么,机器人的输入输出是如何定义的?机器人有哪些通信方式?标准 I/O 板有多少输入输出?下面以 ABB 标准的 I/O 板为例进行详细介绍。

(1) 通信方式 ABB 机器人提供了丰富的 I/O 通信接口,可以轻松地实现与周边设备的通信,ABB 机器人的通信方式见表 17-1。RS232、OPC Server、Socket Message 是与个人计算机通信时的通信协议;DeviceNet、Profibus、Profinet、EtherNet/IP 是由不同厂商推出的现场总线协议,具体使用哪种现场总线要根据需要进行选择;如果使用 ABB 标准 I/O 板,则必须有 DeviceNet 总线。

表 17-1　ABB 机器人的通信方式

个人计算机	现场总线	ABB 标准
RS232 OPC Server Socket Message	DeviceNet Profibus Profinet EtherNet/IP	标准 I/O 板 PLC …

（2）ABB 标准 I/O 板　ABB 标准 I/O 板有 DSQC651、DSQC652、DSQC653、DSQC355A 和 DSQC377A 五种，所有 I/O 板都是挂在 DeviceNet 网络上的，因此要设定模块在网络中的地址。ABB 标准 I/O 板说明见表 17-2。

表 17-2　ABB 标准 I/O 板说明

型号	说明	型号	说明
DSQC651	分布式 I/O 模块 di8、do8、ao2	DSQC355A	分布式 I/O 模块 ai4、ao4
DSQC652	分布式 I/O 模块 di16、do16	DSQC377A	输送链跟踪单元
DSQC653	分布式 I/O 模块 di8、do8 带继电器		

（3）ABB 标准 I/O 板 DSQC652　DSQC652 板主要提供 16 个数字输入信号和 16 个数字输出信号的处理，如图 17-2 所示，A 部分和 F 部分分别是数字输出和输入信号指示灯，中

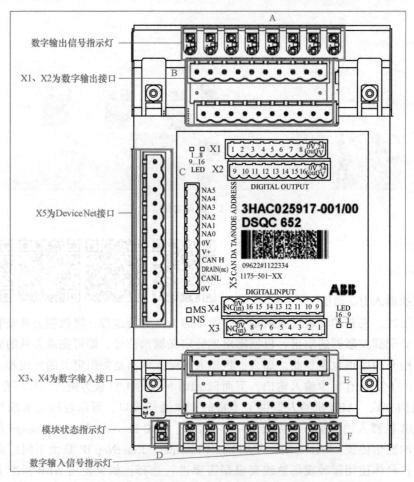

图 17-2　ABB 标准 I/O 板 DSQC652 板

间的 C 部分为 Device Net 总线接口（X5 端子），D 部分为模块状态指示灯，B 部分是两排数字输出接口（X1 端子和 X2 端子），E 部分是两排数字输入接口（X3 端子和 X4 端子）。

X1 和 X2 端子为输出端子，每个端子上有 10 个接口，前 8 个接口为 8 个输出信号，后两个接口对应 0V 和 24V。X3 和 X4 输入端子未使用 24V 接口，具体的地址分配和控制器上的接线端连接如图 17-3 所示。

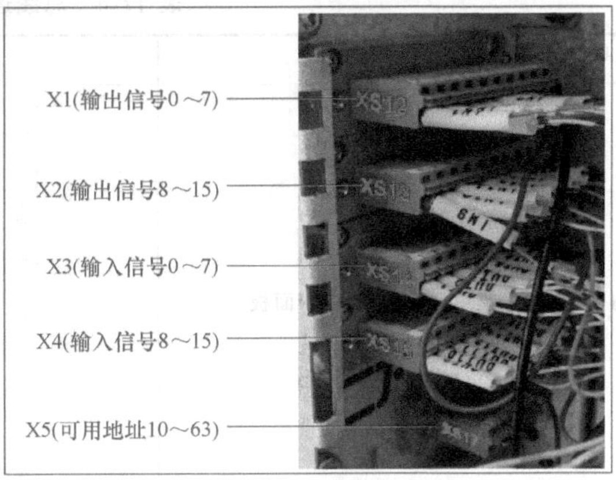

（4）定义总线连接及分配信号 X5 端子是 Device Net 总线接口，端子使用定义见表 17-3。编号 6~12 跳线能够决定 I/O 板在总线中的地址，地址可用范围为 10~63。如图 17-4 所示，如果想使用 10 的地址，则可以将第 8 脚和第 10 脚的跳线减去，就可以获得 10（2+8=10）的地址。

图 17-3 端子定义及说明

表 17-3 X5 端子使用定义

X5 端子编号	使用定义	X5 端子编号	使用定义
1	0V(红)	5	24V(黑)
2	CAN 信号线 Low(蓝)	6	GND 地址选择公共端
3	屏蔽线	7~12	模块 ID Bit0~5(LSB)
4	CAN 信号线 High(白)		

实物总线地址分配好以后，需要在示教器上定义其总线参数，以实现总线连接。配置地址是通过插在标准 I/O 板上的短接片中的跳线状态决定的。如图 17-4 所示，短接片中第 8 脚和第 10 脚被剪去，第 8 脚和第 10 脚对应的地址为 2 和 8，其地址就是 2+8=10。后续具体配置操作步骤见表 17-4。在 DSQC652 下分配相关输入输出信号的操作，可参考夹具安装内容中分配输出信号的部分。

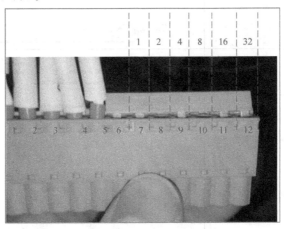

图 17-4 X5 端子接线

表 17-4 总线连接操作步骤

序号	操作步骤	图片说明
1	在主菜单栏下选择"控制面板"	
2	单击"配置"	
3	双击"DeviceNet Device"选项,进行DSQC652 板的选择及地址选定	
4	在"DeviceNet Device"下,单击"添加"	

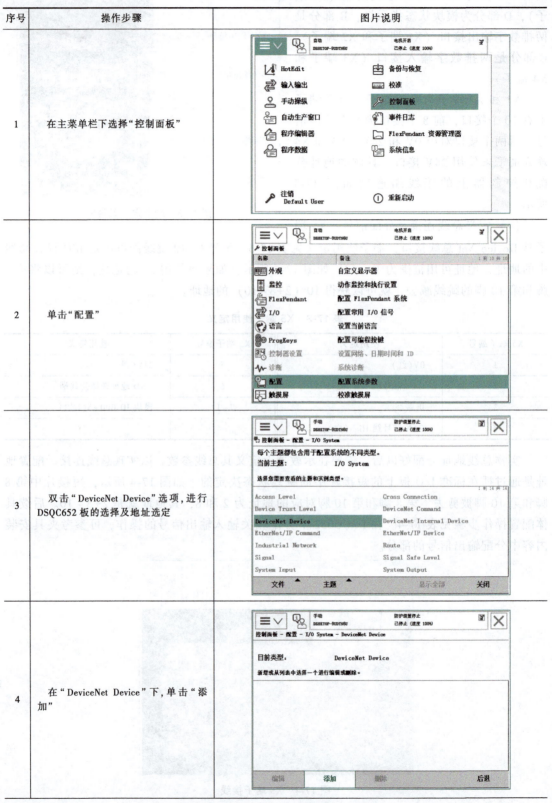

（续）

序号	操作步骤	图片说明
5	在下拉列表中选择"DSQC 652 24 VDC I/O Device",其参数会自动填入	
6	单击下拉箭头,找到"Address"(地址)选项,将其修改为10(10代表此模块在总线中的地址,与实际接线相同)	
7	单击"确定",重新启动控制系统,完成DSQC652板的总线连接操作	

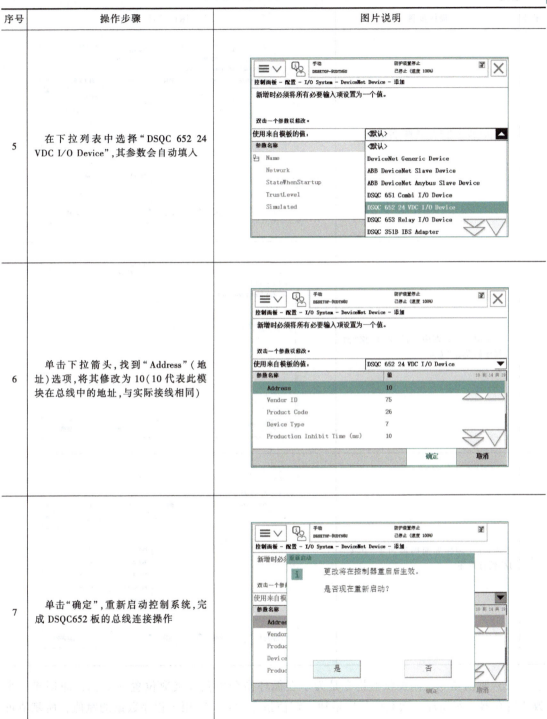

2. 指令解读

（1）调用例行程序指令　ProcCall 指令用于在程序运行过程中调用一个无返回值的例行程序。调用例行程序的具体步骤见表 17-5。

表 17-5 调用例行程序的步骤

序号	操作步骤	图片说明
1	单击"添加指令",选择"ProcCall"	
2	在弹出的对话框中选择"Pick_JZ"例行程序后单击"确定"	
3	确认后,程序界面即添加了"Pick_JZ"例行程序	

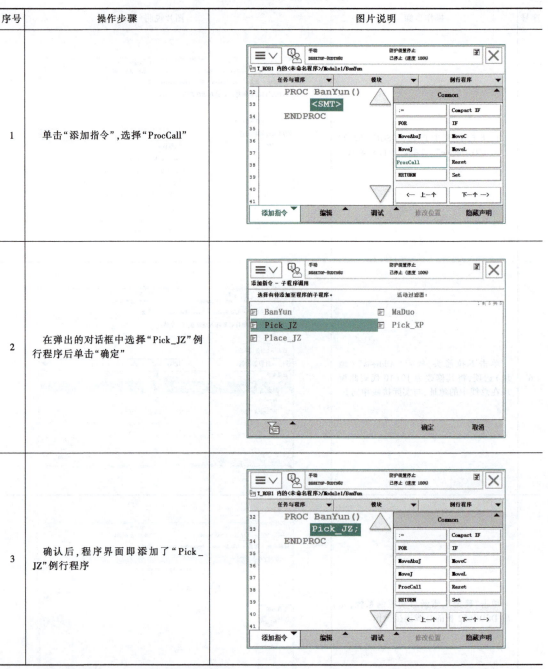

（2）赋值指令 添加赋值指令是为了在循环指令中获取夹取位置的变化，即创建一个数值寄存器，每循环一次数值相应增加。赋值指令"：="用于程序数据的赋值，所赋值可以是一个常量或数学表达式。被赋值的对象为 num 数据，可以在程序数据中找到 num 类型并创建任意数据名称，模块选择要应用的模块，范围采用默认的"全局"即可，初始值一般为 0。系统中已有创建完成的数据 reg1～5，为了方便起见，可以直接使用 reg1。添加数值寄存器的具体步骤见表 17-6。

表 17-6　添加数值寄存器的步骤

序号	操作步骤	图片说明
1	单击"添加指令",选择":="	
2	在"数据"下有全部 num 数据,选择"reg1"	
3	光标自动移至<EXP>,选择"编辑"下拉菜单中的"仅限选定内容"	
4	输入数值"0"	

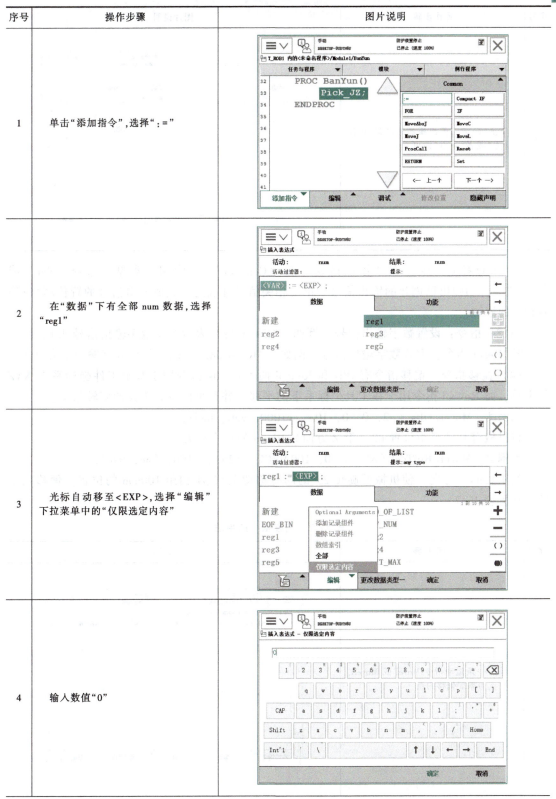

(续)

序号	操作步骤	图片说明
5	单击"确定",弹出添加的位置,选择"上方"或者"下方"即可	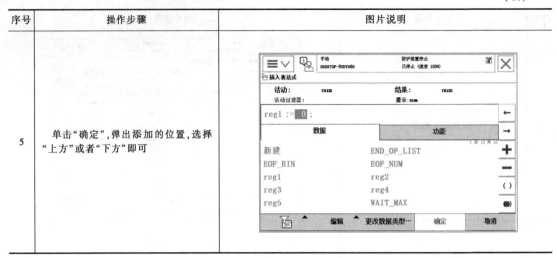

（3）I/O 控制指令　在"添加指令"的"Common"（常用）类型下选择"Set"或"Reset",自动弹出已创建的输出信号,单击相关信号并确定,完成输出信号的置位/复位信号指令的添加。

1）Set 指令：设置数字输出信号。例如,"Set do1；"表示置位数字输出信号 do1。

2）Reset 指令：重置数字输出信号。例如,"Reset do1；"表示复位数字输出信号 do1。

（4）偏移指令　偏移指令有 Offs 和 Reltool 两种：Offs 指令用于基于工件坐标系下 XYZ 的平移；而 Reltool 指令用于在工具坐标系下的平移,并且可以设置工具的旋转角度。

示例 1：MoveL Offs（p2, 0, 0, 10）, v1000, z50, tool1；

将机械臂移动至距位置 p2（沿 Z 方向）10mm 的一个点处。

示例 2：MoveL RelTool（p1, 0, 0, 100\RZ：=25）, v100, fine, tool1；

沿工具的 Z 方向,使机械臂旋转 25°的同时移动至与 p1 相距 100mm 的位置。偏移指令的用法见表 17-7。

表 17-7　偏移指令的用法

序号	操作步骤	图片说明
1	添加一条运动指令 MoveJ 或 MoveL,目标点为需要偏移的点	

（续）

序号	操作步骤	图片说明
2	双击目标点	显示程序代码：PROC BanYun() Pick_JZ; reg1 := 0; MoveJ pGD, v1000, z50, tool0; ENDPROC
3	在"功能"下选择"Offs"	更改选择界面，当前变量：ToPoint，MoveJ pGD, v1000, z50, tool0；功能选项：CalcRobT、CRobT、MirPos、Offs、ORobT、RelTool
4	第一个<EXP>为需要偏移的目标点	插入表达式：Offs(<EXP>, <EXP>, <EXP>, <EXP>)，数据：新建、pGD、pPick_jiazhua、pPick_Box、pPlace_Box
5	光标自动跳转到下一个<EXP>，单击"全部"	插入表达式：活动：num，结果：robtarget，Offs(pGD, <EXP>, <EXP>, <EXP>)，数据：新建、EOF_BIN、reg1、reg3、reg5；Optional Arguments：添加记录组件、删除记录组件、数组索引、全部、仅限选定内容

(续)

序号	操作步骤	图片说明
6	输入相对于 XYZ 偏移的值	
7	单击"确定",完成偏移指令的操作	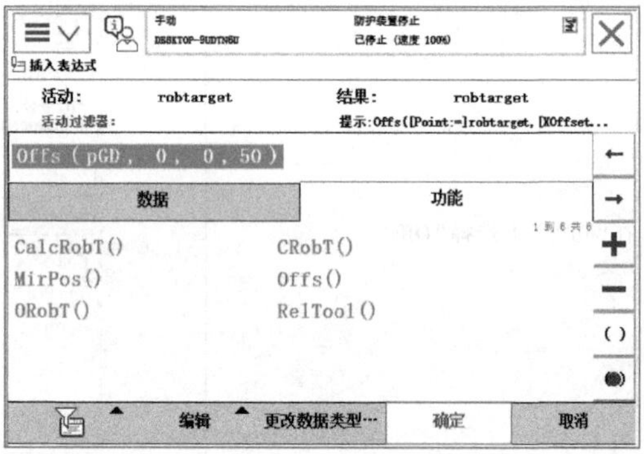

(5) 循环指令 FOR

FOR 循环指令用于重复一个或多个指令,例如:

FOR i FROM 1 TO 10 DO

routine1;

ENDFOR

上述指令表示重复 routine1 无返回值程序 10 次

循环指令的用法见表 17-8。

表 17-8 循环指令的用法

序号	操作步骤	图片说明
1	单击"添加指令",选择"FOR"	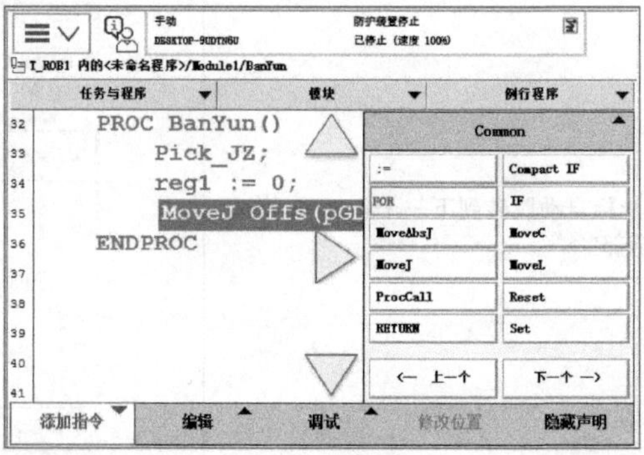

(续)

序号	操作步骤	图片说明
2	单击<ID>	
3	随意修改名称,此处修改为"i"	
4	第一个<EXP>修改为1。单击"编辑",选择"仅限选择内容",输入1,单击"确定"即可	
5	第二个<EXP>修改为需要循环的次数(如5),在"循环"下添加需要循环的程序即可	

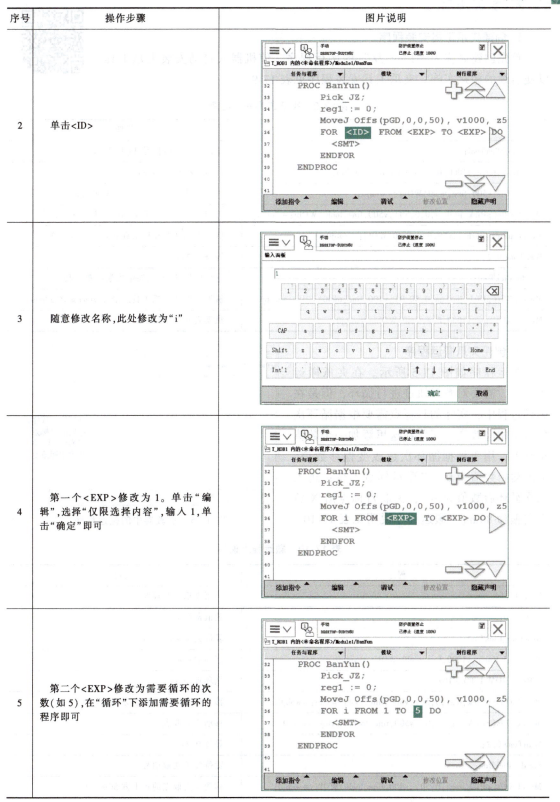

17.3 实训步骤

1. 创建夹爪工具安装程序

首先创建名称为"Pick_JZ"的例行程序,使机器人自动安装夹爪工具,以便后续的搬运实施。夹爪工具安装程序见表 17-9。

表 17-9 夹爪工具安装程序

程序	说明
Reset do_PickTool;	复位工具安装信号 do_PickTool
MoveAbsJ Home,v1000,fine,tool0\WObj:=wobj0;	机器人移动至 Home 点
MoveJ pGD,v500,fine,tool0\WObj:=wobj0;	机器人移动至安装夹爪工具的过渡点
MoveL Offs(pPick_jiazhua,0,0,50),v500,fine,tool0\WObj:=wobj0;	机器人移动至夹爪工具的正上方 50mm 处
MoveL pPick_jiazhua,v50,fine,tool0\WObj:=wobj0;	机器人移动至夹爪工具安装的具体位置
WaitTime 0.2;	等待 0.2s
Set do_PickTool;	置位信号 do_PickTool,安装夹爪工具
MoveL Offs(pPick_jiazhua,0,50,0),v100,fine,tool0\WObj:=wobj0;	机器人安装夹爪工具后沿 Y 方向偏移 50mm
MoveAbsJ Home,v1000,fine,tool0\WObj:=wobj0;	机器人回到 Home 点

2. 创建夹爪搬运程序

搬运程序如图 17-5 所示。在夹爪搬运实训中,需要对搬运轨迹进行循环,但是在循环过程中,实际的目标点需要根据循环次数做出相应改变,因此在这里添加一个数值寄存器,用于根据循环次数改变偏移数值。reg1 初始数值为 0,夹取目标点不变;进入二次循环后数值为-80,夹取目标点沿 X 负方向偏移 80mm。搬运程序说明见表 17-10。

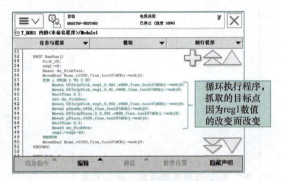

图 17-5 示教器中的搬运程序

表 17-10 搬运程序说明

程序	说明
Pick_JZ;	调用夹爪安装程序
reg1:=0;	数值寄存器清零
Reset do_PickTool;	复位夹爪夹取信号
MoveAbsJ Home,v1000,fine,tool0\WObj:=wobj0;	回到 Home 点
FOR i FROM 1 TO 3 DO	循环程序 3 次
MoveL Offs(pPick,reg1,0,50),v800,fine,tool0\WObj:=wobj0;	移动至夹取点的正上方 50mm 处
MoveL Offs(pPick,reg1,0,0),v500,fine,tool0\WObj:=wobj0;	移动至夹取点
WaitTime 0.2;	等待 0.2s
Set do_PickBox;	置位夹爪夹取信号
MoveL Offs(pPick,reg1,0,50),v800,fine,tool0\WObj:=wobj0;	移动至夹取点的正上方 50mm 处

（续）

程序	说明
MoveJ pGuodu,v800,fine,tool0\WObj:=wobj0;	移动至过渡点位置
MoveL Offs(pPlace,0,0,50),v800,fine,tool0\WObj:=wobj0;	移动至放置点的正上方50mm处
MoveL pPlace,v500,fine,tool0\WObj:=wobj0;	移动至放置点位置
WaitTime 0.2;	等待0.2s
Reset do_PickBox;	复位夹爪夹取信号,放下物料
reg1 :=reg1-80;	数值寄存器数值减去80
ENDFOR	结束循环
MoveAbsJ Home,v1000,fine,tool0\WObj:=wobj0;	回到Home点

3. 机器人与传感器通信

传感器作为检测装置常用于工业产线当中，作为"感知装置"，它能帮助用户提高产线的生产效率并避免错误事件的发生。这里以光电传感器为例，将其加入搬运项目中，以检测物料的有无，从而触发机器人做出相应动作。如图17-6所示，当三个传感器全部检测到物料时，机器人才开始执行搬运操作；若检测出任何一个位置无物料，则机器人不执行搬运操作。

（1）接线及信号分配 如图17-7所示，将传感器的输出信号分别接入机器人DSQC652板的数字输入信号模块（XS14、XS15），根据实际接入的卡槽进行地址0~15的选择。这里以地址0~3为例，创建的信号及其地址见表17-11。

图17-6 传感器的位置

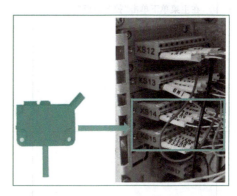

图17-7 传感器与I/O板接线示意图

表17-11 信号名称及地址

信号	地址	信号	地址
DI1	0	DI3	2
DI2	1		

（2）组信号的创建 若同时控制若干个DO信号，或使用若干个DI信号组成组（Group），则可以提高利用率。例如，三位信号可构成8（0~7）种状态，见表17-12。使用组输入/输出后，可直接代替多种输入/输出信号的置位/复位操作。例如：

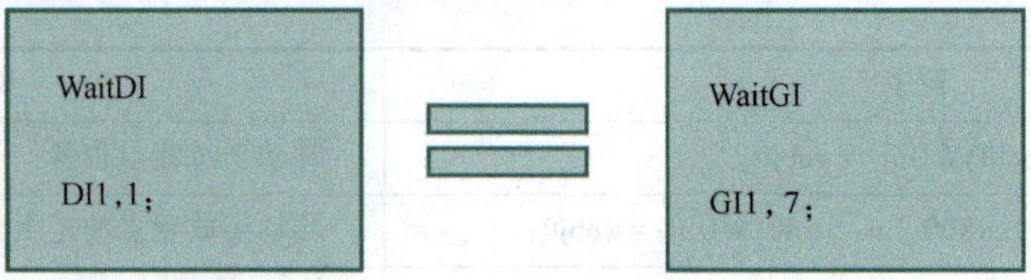

ABB工业机器人在线编程

表 17-12 组输出二进制与十进制

序号	Bit2	Bit1	Bit0	值	序号	Bit2	Bit1	Bit0	值
1	0	0	0	0	5	1	0	0	4
2	0	0	1	1	6	1	0	1	5
3	0	1	0	2	7	1	1	0	6
4	0	1	1	3	8	1	1	1	7

组信号的创建步骤见表 17-13。

表 17-13 组信号的创建步骤

序号	操作步骤	图片说明
1	在主菜单下单击"控制面板"	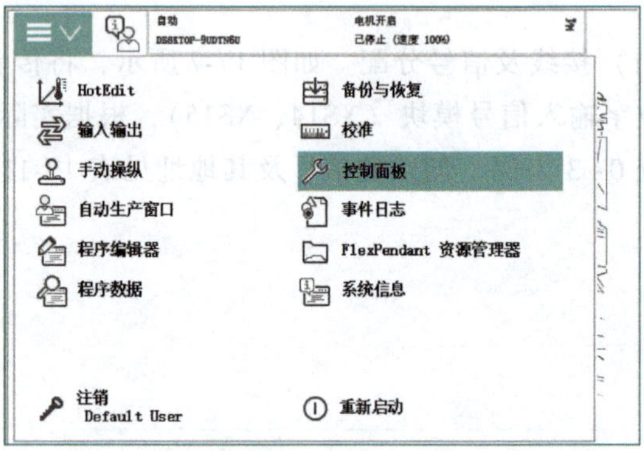
2	单击"配置"	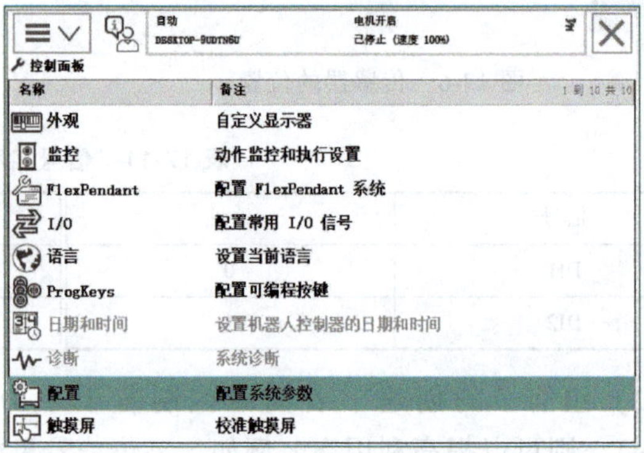

142

（续）

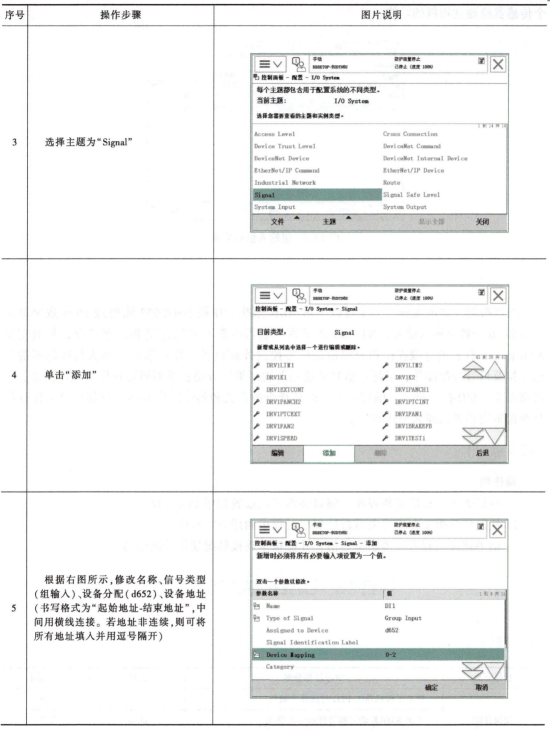

序号	操作步骤	图片说明
3	选择主题为"Signal"	
4	单击"添加"	
5	根据右图所示,修改名称、信号类型（组输入）、设备分配（d652）、设备地址（书写格式为"起始地址-结束地址",中间用横线连接。若地址非连续,则可将所有地址填入并用逗号隔开）	

（3）信号验证与程序编辑 完成了主程序的编辑后,为方便验证,放置完物料后使三个传感器输出,打开主菜单栏中的"输入输出",查看"组输入"的值是否为 7,如图 17-8 所示。也可以模拟多种情况实际对应观察组输入值的变化。对应的程序可以直接将 WaitGI

GI1，7 的程序加入到搬运程序前，该程序代表等待组输入为 7 的指令，从而实现了等待三个传感器检测到物料的功能。

图 17-8　组输入信号验证

【实训总结】

通过搬运实训的实施，学生可以了解 ABB 标准 I/O 板 DSQC652 能处理 16 个数字输出信号和 16 个数字输入信号，X1～X5 端子在控制器内部的实际连接和分布情况，如何定义 ABB 标准 I/O 板的总线连接和分配相关信号控制外部设备动作；掌握机器人与传感器的通信连接及信号分配操作；了解组信号的使用及程序编辑方法；掌握搬运程序中调用指令、数值寄存器、I/O 控制指令、偏移指令、循环指令的含义和具体操作步骤，并能综合运用这些指令编辑完整的机器人搬运程序。

【实训练习】

操作题

1. 根据夹爪工具的安装程序，编辑夹爪工具放置程序 Place_JZ。
2. 使用所学指令在编辑夹爪搬运程序过程中调用安装程序。
3. 动手连接机器人与传感器通信，并能根据连接情况使用分配信号。

项目 18　工业机器人码垛实训

【实训目标】

目标分类	学习目标分解	成果	学习要求
知识目标	简单了解机器人 PLC 与机器人通信	认知	了解
	了解 WHILE 语句和等待指令的使用	认知	掌握
	明白数组的维数含义及具体使用方法	认知	掌握
技能目标	学会如何在程序数据下创建数组	行动	熟练掌握
	编辑码垛程序并实现码垛功能	行动	熟练掌握

【课程体系】

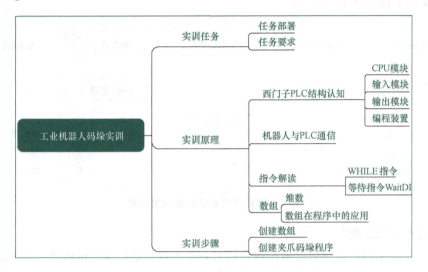

【实训描述】

本实训以长方体物料为码垛对象,利用 WHILE 语句、RelTool 偏移、计数器和数组的综合应用实现码垛位置的变换。在搬运实训所学知识的基础上,结合码垛相关指令的添加和数组在程序中的具体应用,完成码垛程序的编辑。

18.1 实训任务

物料放入料仓后经推送气缸推出,通过传送带输送至末端,由传感器检测后停止。机器人在更换吸盘工具后吸取长方体物料进行码垛。如图 18-1 所示,示教三个主要目标点,使用 WHILE 语句及数组完成一层的码垛,长方体尺寸为长 60mm、宽 30mm、高 20mm。

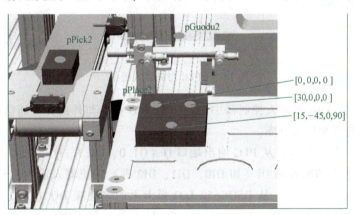

图 18-1 码垛实训

18.2 实训原理

1. 西门子 PLC 结构认知

PLC 作为工业自动化领域最常用的控制器,通常用来与工业机器人配合共同完成特定的生产任务。PLC 主要由 CPU 模块、输入模块、输出模块和编程装置等组成，PLC 应用系统的结构组成框图如图 18-2 所示。

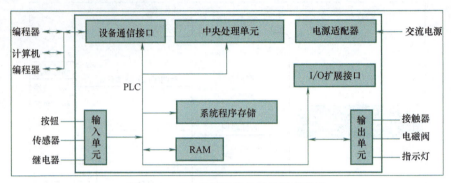

图 18-2　PLC 应用系统的结构组成框图

2. 机器人与 PLC 通信

工业机器人与 PLC 之间的通信传输方式有 I/O 连接和通信线连接两种：I/O 连接是最为简单的一种连接方式，能实现点对点连接通信；而通信线连接使用 Profibus 或 Profinet 进行通信，即通过设置 PLC 和工业机器人处于同一网段来实现通信。下面介绍 I/O 连接及其控制方法。图 18-3 所示为 PLC 与机器人通信。

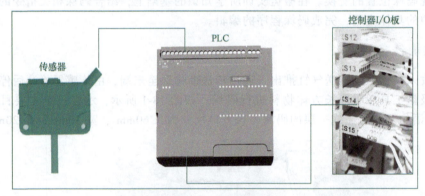

图 18-3　PLC 与机器人通信

图 18-4 所示为 ABB 机器人控制器中 DSQC652 I/O 板卡与外部设备通信的 I/O 接线图以及 PLC 的输入/输出端口示意图。

PLC 向机器人传输信号：从 PLC 输出端口 Q（Q1.0、Q1.1、Q1.2 等）输出信号，通过 DSQC652 I/O 板卡上的输入端 DI（如 DI0、DI1、DI2 等）向机器人输入信号。

机器人向 PLC 传输信号：从 DSQC652 I/O 板卡上的输出端 DO（DO0、DO1、DO2 等）输出信号，通过 PLC 的输入端口 I（I1.5、I1.6、I1.7 等）输入信号。

3. 指令解读

（1）WHILE 指令　只要给定条件表达式评估为 TRUE 值，便重复 WHILE 块中的指令，直至评估为 FALSE 值（图 18-5a）。当重复一些指令时，可使用 WHILE 指令。WHILE 指令和 FOR 循环指令相似，并且都可以用于循环，不同的是：WHILE 可用于次数不确定的循环，而 FOR 循环的次数是明确的。例如：

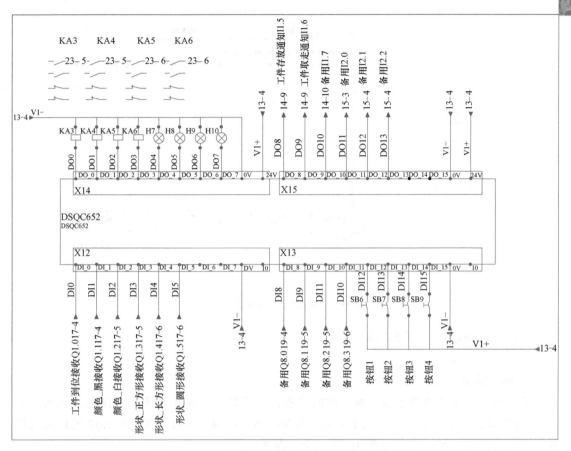

图 18-4　I/O 接线图及 PLC 输入、输出端口示意图

WHILE reg1<5 DO

…

reg1：=reg1+1；

ENDWHILE

如图 18-5b 所示，只要 reg1<5，就重复 WHILE 块中的指令；当 reg1=5 时，结束循环。

（2）等待指令 WaitDI　WaitDI 指令用于等待，直至输入已设置的数字信号。例如：

WaitDI di4, 1；

以上语句表示仅在已设置 di4 输入后，程序才能继续执行。

4. 数组

数组是一种特殊类型的变量，普通的变量包含一个数据值，而数组可以包含许多数据值。可以将数组描述为一份一维或多维表格，在编程或操作机器人系统时，使用的数据（如数值、字符串或变量）都将保存在此表中。

在 ABB 机器人中，RAPID 程序可以定义一维数组、二维数组和三维数组。

（1）一维数组　一维数组示例如图 18-6 所示，以一维（a）定义的数组，a 维上有 3 列，分别是 5、7、9，此数组和数组内容可表示为 Array {a}。例如：

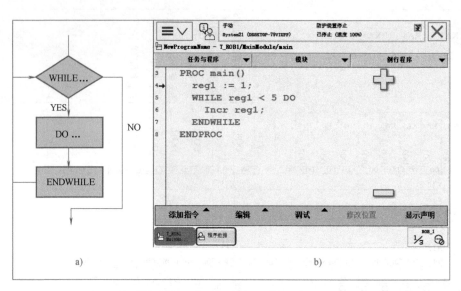

图 18-5 WHILE 指令应用实例

VAR num reg1{3}:=[5,7,9]

reg2:=reg1{2}

则 reg2 输出的结果为 7。

数组的三个维度类似于线、面、体的关系，一维数组就像在一条线上排列的元素。如图 18-6 所示，一维数组 reg1 有三个元素，分别为 5、7、9。当数值寄存器 reg2 的值为数组 reg1 的第二位时，便是三个元素中的第二个，即 7。

（2）二维数组 二维数组示例如图 18-7 所示，它是以 a、b 二维定义的数组，a 维上有 3 行，b 维上有 4 列。此数组和数组内容可表示为 Array{a,b}。例如：

VAR num reg1{3,4}:=[[1,2,3,4],[5,6,7,8],[9,10,11,12]]

reg2:=reg1{3,2}

则 reg2 输出的结果为 10。

图 18-7 所示的二维数组类似于行列交错的面，每一个交点都储存一个值，等式中数值寄存器 reg2 的值为数组 reg1 中第三行第二列的值，写作{a3,b2}，即 10。

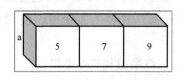

图 18-6 一维数组示例

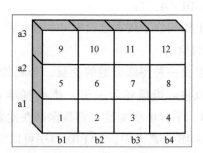

图 18-7 二维数组示例

(3) 三维数组 三维数组示例如图 18-8 所示，它是以 a、b、c 三维定义的数组，a 维上有两行，b 维上有两列，c 维上有两列（行）。此数组和数组内容可表示为 Array{a, b, c}。例如：

VAR num reg1{2,2,2}：=[[[1,2],[3,4]],[[5,6],[7,8]]]

reg2：=reg1{2,1,2}

则 reg2 输出的结果为 6。

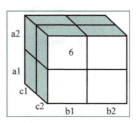

图 18-8 三维数组示例

三维数组在二维数组的基础上多了一个层的概念，类似于面到体的变化，等式中数值寄存器 reg2 的值等于三维数组 reg1 中第二行第一列第二层的值，写作 {a2, b1, c2}。即 6。

(4) 数组在程序中的应用 根据位置要求创建完数组后，需要根据循环次数在程序中调用数组中的相应数据。如图 18-9 所示，因为码垛方向发生了改变，所以选择 RelTool 偏移指令，放置目标点后的偏移数据采用数组中的数据，因循环次数的改变将所有数组中第一位改为计数器。

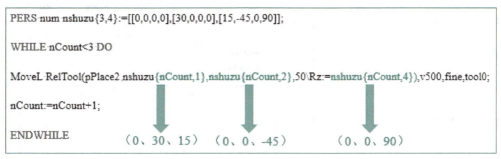

图 18-9 数组应用

18.3 实训步骤

在搬运项目中，利用偏移指令和数值寄存器在循环过程中通过偏移数值的增加完成了搬运程序的创建。但是在码垛程序中，目标点数据不是有规律地变化，而逐个示教目标点在码垛数量大的情况下又显得烦琐。因此，在使用偏移的基础上加入了数组的概念，使每一次循环次数的增加可以调用数组中所需变换的距离差。图 18-1 中给出了三个目标点的数组数据，具体操作步骤如下。

1. 创建数组

建立机器人放置物料块的数据 nshuzu{3,4}：=[[0,0,0,0],[30,0,0,0],[15,-45,0,90]]。该数组中共有三组数据，分别对应三个放置位置，每组数据中有四项数值，分别代表 X、Y、Z 的偏移值和 Z 轴的旋转角度。创建及配置数组的步骤见表 18-1。

表 18-1 创建及配置数组的步骤

序号	操作步骤	图片说明
1	单击主菜单栏下的"程序数据"	
2	在"视图"中单击"全部数据类型"，找到"num"数据	
3	单击"新建"	
4	"存储类型"选择"可变量"，"模块"选择需要应用的模块，"维数"选择"2"并单击"…"	

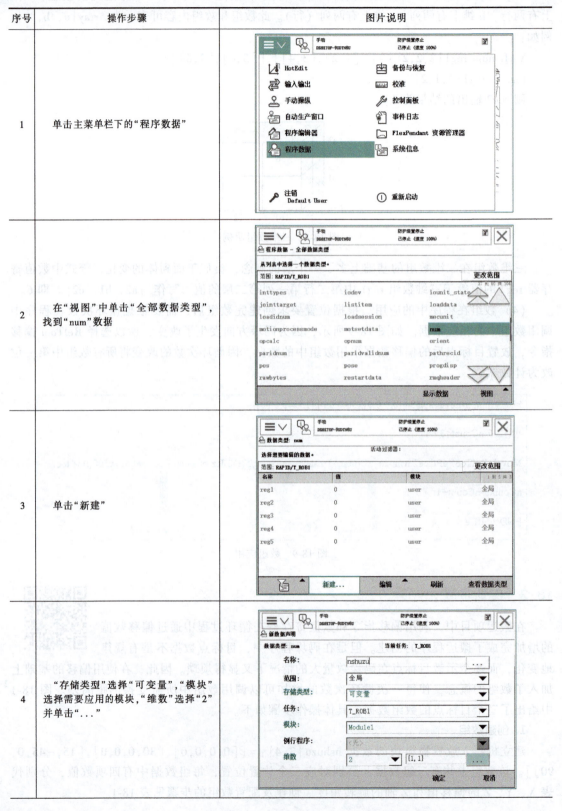

序号	操作步骤	图片说明
5	将"第一""第二"分别修改为"3"和"4"	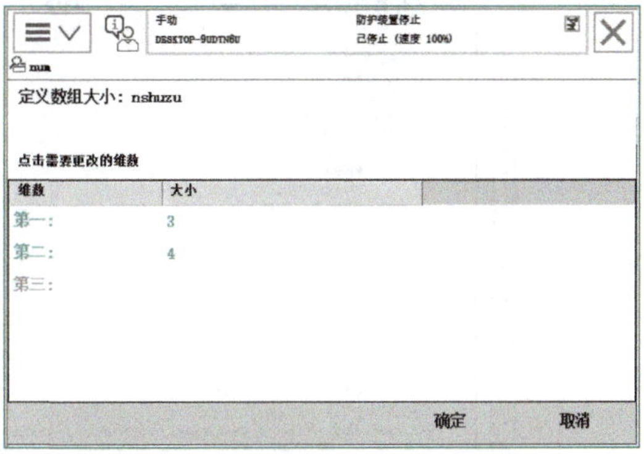
6	选中新建完成的数组并单击"编辑",选择"更改值"	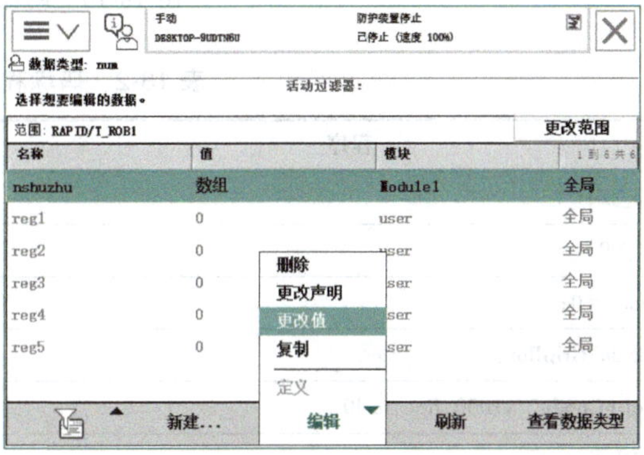
7	根据码垛点位将{2,1}修改为"30",{3,1}修改为"15",{3,2}修改为"−45",{3,4}修改为"90"	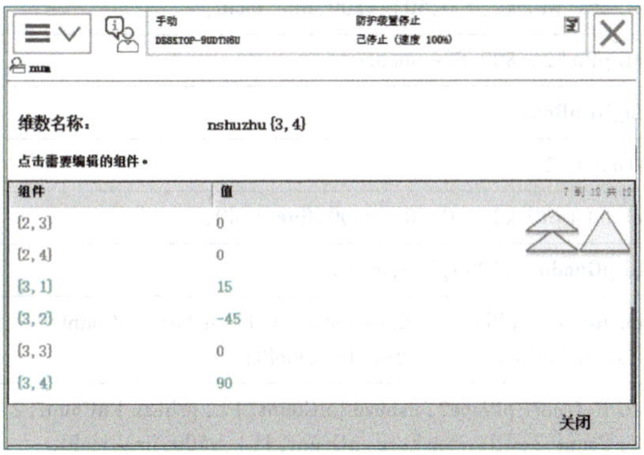

2. 创建夹爪码垛程序

编辑码垛程序前,应卸下夹爪工具并更换吸盘工具。待物料到位信号输入后,进入 WHILE 循环,其中吸取物料的目标点不变,放置物料的目标点利用计数器和数组计算得出,如图 18-10 所示。码垛程序说明见表 18-2。

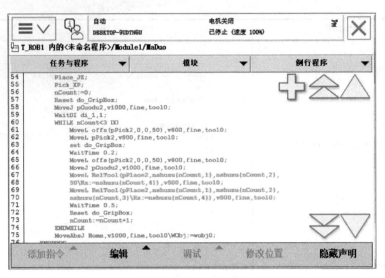

图 18-10 码垛程序

表 18-2 码垛程序说明

程序	说明
Place_JZ;	调用夹爪放置程序
Pick_XP;	调用吸盘安装程序
nCount:=0;	计数器置零
Reset do_GripBox;	复位吸盘吸取信号
MoveJ pGuodu2,v1000,fine,tool0;	移动到过渡点
WaitDI di_1,1;	等待到位信号为 1
WHILE nCount<3 DO	计数器<3 便重复执行
MoveL offs(pPick2,0,0,50),v800,fine,tool0;	移动到取料点正上方 50mm 处
MoveL pPick2,v800,fine,tool0;	移动到取料点
set do_GripBox;	置位吸盘吸取信号
WaitTime 0.2;	等待 0.2s
MoveL offs(pPick2,0,0,50),v800,fine,tool0;	移动到取料点正上方 50mm 处
MoveJ pGuodu2,v1000,fine,tool0;	移动到过渡点
MoveL RelTool(pPlace2, nshuzu{nCount,1}, nshuzu{nCount,2},50 \Rz:=nshuzu{nCount,4}),v500,fine,tool0;	移动至放置点正上方 50mm 处
MoveL RelTool(pPlace2, nshuzu{nCount,1}, nshuzu{nCount,2}, nshuzu{nCount,3} \Rz:=nshuzu{nCount,4}),v500,fine,tool0;	移动到放置点
WaitTime 0.5;	等待 0.5s
Reset do_GripBox;	复位吸盘吸取信号
nCount:=nCount+1;	计数器加 1
ENDWHILE	结束语句
MoveAbsJ Home,v1000,fine,tool0\WObj:=wobj0;	回到 Home 点

【实训总结】

本实训以长方体物料的一层码垛为例,介绍了 WHILE 指令的含义与循环指令的区别,以及等待指令 WaitDI 的使用方法;介绍了码垛实训中需要使用的数组的维数及创建数组的具体步骤。

【实训练习】

操作题

使用实训任务中的相关指令和数组,完成长方体物料的两层码垛实训,如图 18-11 所示。

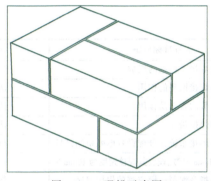

图 18-11 码垛示意图

情境6 ABB工业机器人综合实践

项目19 工业机器人焊接工作站应用

【学习目标】

目标分类	学习目标分解	成果	学习要求
知识目标	了解完整的焊接工作站的组成	认知	了解
	掌握基本的焊接设备的作用	认知	掌握
	掌握焊接参数的含义及作用	认知	掌握
	掌握常用的焊接指令	认知	掌握
技能目标	能独立安装焊接系统并分配设置电弧检测信号	行动	熟练掌握
	能创建 Welddata 参数,设置其焊接速度为 10mm/s	行动	熟练掌握
	能使用焊接指令编制一段完整的焊接程序	行动	熟练掌握

【课程体系】

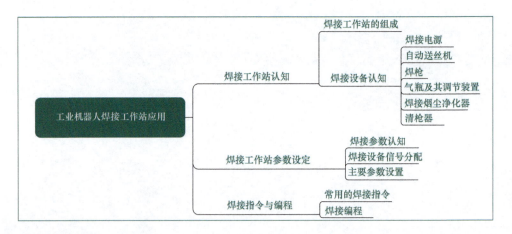

【课程描述】

焊接机器人在所有工业机器人应用中占总量的40%以上,之所以占比如此之大与焊接这个行业的特殊性密不可分。焊接作为工业"裁缝",是工业生产中非常重要的加工手段,同时由于焊接烟尘、弧光和金属飞溅的存在,焊接的工作环境非常恶劣。焊接质量的好坏会对产品质量产生决定性影响。

19.1 焊接工作站认知

1. 焊接工作站的组成

焊接工作站是从事焊接（包括切割与喷涂）的工业机器人集成系统，它主要包括机器人和焊接设备两部分。其中，机器人部分由机器人本体和控制器（硬件及软件）组成；而焊接设备部分，以弧焊和定位焊为例，则由焊接电源（电焊机，包括其控制系统）、自动送丝机、焊枪（钳）和变位机等部分组成。对于智能机器人而言，还应配有传感系统，如激光或摄像传感器及其控制装置等。

焊接机器人的应用对我国焊接行业的发展有以下促进作用：

1）稳定和提高焊接质量，保证了质量的均一性。焊接参数（如焊接电流、焊接电压和焊接速度等）对焊接结果起着决定性的作用。而采用机器人焊接时，每条焊缝的焊接参数都是恒定的，焊缝质量受人为因素影响较小，降低了对工人操作技术的要求，因此焊接质稳定；而人工焊接时，焊接速度等参数都是变化的，很难达到质量的均一性要求。

2）改善工人的劳动条件。若采用机器人焊接，则工人只需要装卸工件，远离了焊接弧光、烟雾和飞溅等。对于定位焊来说，工人不用再搬运笨重的手动焊钳，可以从高强度的体力劳动中解脱出来。有些工件的装卸已经实现自动化，这进一步改善了工人的劳动条件。

3）提高劳动生产率。机器人在工作寿命内不会疲劳，可以一天24h连续工作。另外，随着高速高效焊接技术的应用，使用机器人焊接，效率将提高得更加明显。

4）产品周期明确，容易控制产品质量。机器人的生产节拍是固定的，因此安排生产计划非常明确。

5）可以缩短产品改型换代的周期，减少相应的设备投资。可实现小批量产品的焊接自动化。机器人与专用焊接设备的最大区别就是它可以通过修改程序来适应不同工件的生产。

图 19-1 所示为典型的焊接工作站，主要包括机器人本体、焊枪、变位机、机器人控制器及焊接电源等。

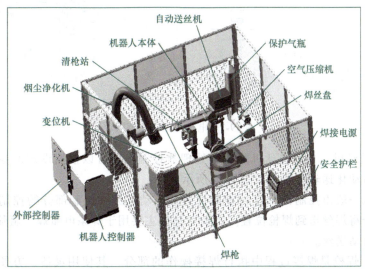

图 19-1 焊接工作站

2. 焊接设备认知

要实现焊接功能，就必须使用焊接设备。焊接设备主要由焊接电源、自动送丝机和焊枪等组成。

（1）焊接电源　焊接电源如图19-2所示，它是为焊接提供电流、电压并具有适合不同焊接方法所要求的输出特性的设备。焊接电源适合在干燥的环境下工作，因其体积小、操作简单、使用方便、焊接速度较快、焊接后焊缝结实等优点被广泛用于各个领域。

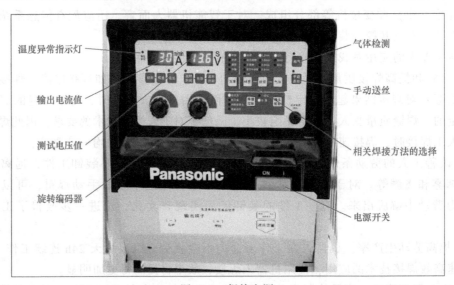

图 19-2　焊接电源

电焊机是一种常用的焊接电源，其工作原理和变压器相似，是一个降压变压器，如图19-3所示。在二次线圈的两端是焊件和焊枪，引燃电弧，在电弧的高温中产生热源，用焊条熔接工件的缝隙。

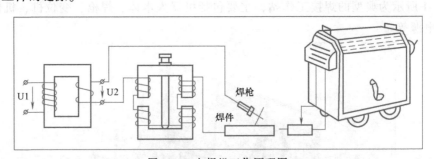

图 19-3　电焊机工作原理图

（2）自动送丝机　自动送丝机是在微处理器控制下，可以根据设定的参数连续、稳定地送出焊丝的自动化送丝装置，如图19-4所示。

自动送丝机一般由控制部分进行参数设置，驱动部分在控制部分的控制下进行送丝驱动，送丝嘴部分将焊丝送到焊枪位置。自动送丝机主要用于焊条电弧焊、氩弧焊、等离子弧焊和激光焊的自动送丝。

（3）焊枪　焊枪是焊接过程中执行焊接操作的部分，其使用灵活、方便快捷，工艺简单。工业机器人焊枪带有与机器人匹配的连接法兰。推丝式焊枪按形状不同，可分为鹅颈式

图 19-4　自动送丝机

焊枪和手枪式焊枪两种，图 19-5 所示为鹅颈式焊枪。典型的鹅颈式焊枪主要包括喷嘴、焊丝嘴、分流器和导管电缆等元件。

图 19-5　鹅颈式焊枪

由焊机的高电流、高电压产生的热量聚集在焊枪终端使焊丝熔化，熔化的焊丝渗透到需焊接的部位，冷却后与被焊接的物体牢固地连接成一体。

（4）气瓶及其调节装置　气瓶（图 19-6）的容量通常为 40L，钢制品，用来储存焊接过程中需要的保护气体。气瓶配有气体调节器（图 19-7），由焊接电源提供 AC 36V 电源，可以将高压气瓶中的高压气体调节成工作时所需的低压气体。

气体调节器可调节 CO_2 气体流量，以防止焊接时火花溅射严重，从而保证安全性。气

图 19-6　气瓶

图 19-7　气体调节器

体调节器上电后,可以通过按下焊机上的"检气"按钮来观察 CO_2 输送浓度,并通过调节阀进行调节,如图 19-7 所示。

(5) 焊接烟尘净化器 焊接烟尘净化器主要由压差表、电源箱、控制面板、滤筒、抽屉和接线盒等组成,如图 19-8 所示,要求供电条件为三相 380V/50Hz。焊接烟尘净化器的工作原理为:用吸气臂将焊接烟尘吸入设备,微粒烟尘被滤筒捕集在外表面,洁净的空气经进一步净化后经出风口排出,其作用为收集并净化所产生的焊接烟尘,达到保护环境和工人身体健康的目的。

(6) 清枪器 清枪器主要由夹紧气缸、定位块、剪丝装置、气马达、焊渣收集盒、TCP 指针、接线端子和气源接头等构成,如图 19-9 所示。清枪器由机器人控制运行,同时该设备也会将相应的反馈信号提供给机器人。

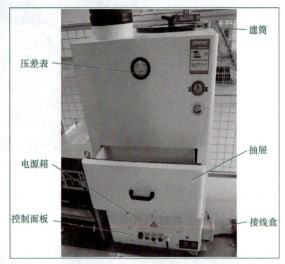

图 19-8 焊接烟尘净化器

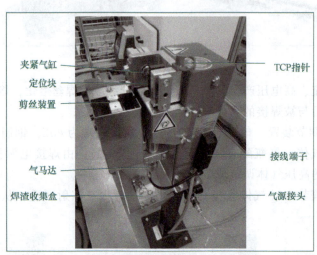

图 19-9 清枪器

19.2 焊接工作站参数设定

1. 焊接参数认知

要操纵 ABB 机器人完成焊接工作,首先需要安装焊接系统。示教器焊接系统界面如图 19-10 所示。安装了焊接系统后才能设置相应的焊接参数。

为保证焊接的顺利进行和有效控制,需要配置焊接的相关参数,常用参数如图 19-11 所示。

1) 焊接设备属性(Arc Equipment Properties)。用于定义使用引弧、加热、收弧段、焊

情境6 ABB工业机器人综合实践

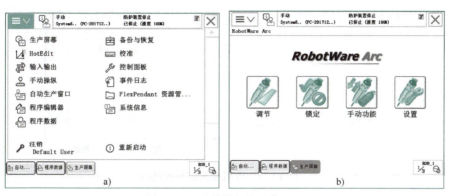

图 19-10 示教器焊接系统界面

接开始前等待模拟信号稳定时间以及引弧过程允许的最长时间等参数。

2) 焊接设备信号。包括焊接设备数字输入信号（Arc Equipment Digital Inputs）、焊接设备数字输出信号（Arc Equipment Digital Outputs）和焊接设备模拟输出信号（Arc Equipment Analogue Outputs），用于定义焊接引弧检测信号、启动焊接信号、手动送丝信号、手动退丝信号、焊接电流信号和焊接电压信号等。

3) 焊接系统属性（Arc System Properties）。用于定义单位、自动断弧重试和刮擦起弧等。

4) 焊接界面设置（ARC_UI_MASKING）。用于定义使用电流或送丝速度等。

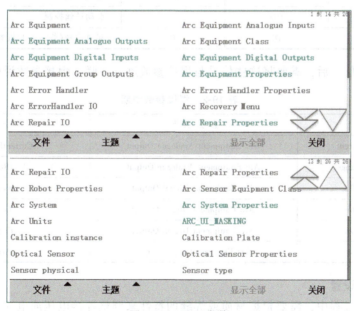

图 19-11 配置参数

2. 焊接设备信号分配

需要注意的是，ArcEst 电弧检测信号和 WeldOn 焊枪开关信号是必须定义的。以电弧检测信号的设定为例，单击"Arc Equipment Digital Inputs"，然后选择当前的任务进行编辑，在名称为"ArcEst"的参数后选择相应的设备信号，如图 19-12 所示。WeldOn 位于"Arc Equipment Digital Outputs"选项下。

159

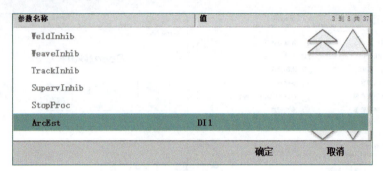

图 19-12　电弧检测信号设定

机器人需要与焊接设备进行通信（信号名称和信号地址自定义），与弧焊相关的 I/O 配置说明见表 19-1。

表 19-1　与弧焊相关的 I/O 配置说明

信号名称	信号类型	信号地址	参数注释
AoWeldingCurrent	AO	0-15	控制焊接电流或者自动送丝速度
AoWeldingVoltage	AO	16-31	控制焊接电源
Do32_WeldOn	DO	32	起弧控制
Do33_GasOn	DO	33	送气控制
Do34_FeedOn	DO	34	点动送丝控制
Di00_ArcEst	DI	0	起弧信号（焊机通知机器人）

设置完相关信号后，需要将这些信号与焊接参数进行关联，焊接参数说明见表 19-2。

表 19-2　焊接参数说明

信号名称	参数类型	参数名称
AoWeldingCurrent	Arc Equipment Analogue Output	CurrentReference
AoWeldingVoltage	Arc Equipment Analogue Output	VoltReference
Do32_WeldOn	Arc Equipment Digital Output	WeldOn
Do33_GasOn	Arc Equipment Digital Output	GasOn
Do34_FeedOn	Arc Equipment Digital Output	FeedOn
Di00_ArcEst	Arc Equipment Digital Input	ArcEst

3. 主要参数设置

在弧焊工艺过程中，需要根据材质或焊缝的特性来调整焊接电压或电流的大小，决定焊枪是否需要摆动、摆动的形式和摆动幅度大小等参数。在弧焊机器人系统中，用"程序数据"来控制这些变化的因素，需要设定三个参数。

设置方法是在示教器的"程序数据"中选择"全部数据类型"，如图 19-13 所示，在该界面中找到需要设置的相应焊接参数。

这里以 welddata 为例进行说明。如图 19-14 所示，选择其中一个参数，单击"编辑"选项中的"更改值"，便可以进行焊接参数的修改。

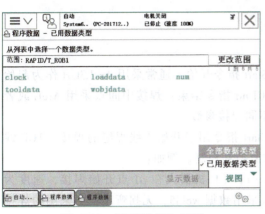

图 19-13 "程序数据"界面

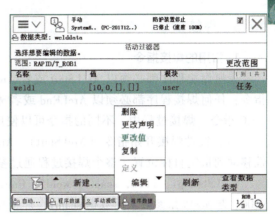

图 19-14 welddata 数据界面

（1）welddata 焊接参数（welddata）用来控制焊接过程中机器人的焊接速度、焊接输出的电压和电流的大小，需要设定的参数见表 19-3。

（2）seamdata 起弧/收弧参数（seamdata）用来控制焊接开始前和结束后吹保护气的时间长度，以保证焊接的稳定性和焊缝的完整性。需要设定的参数见表 19-4。

表 19-3 焊接参数说明

参 数 名 称	参 数 注 释
Weld_Speed	焊接速度
Voltage	焊接电压
Current	焊接电流

表 19-4 起弧/收弧参数说明

参 数 名 称	参 数 注 释
Purge_time	清枪吹气时间
Preflow_time	预吹气时间
Postflow_time	尾气吹气时间

（3）weavedata 摆弧参数（weavedata）用来控制焊接过程中焊枪的摆动，通常当焊缝的宽度超过焊丝直径较多时，通过焊枪的摆动来填充焊缝。该参数属于可选项，如果焊缝宽度较小，机器人线性焊接可以满足要求，则不选用该参数。需要设定的参数见表 19-5。

表 19-5 摆弧参数说明

参 数 名 称	参 数 注 释
Weave_shape	摆动的形状
Weave_type	摆动的模式
Weave_length	一个周期前进的距离
Weave_width	摆动的宽度
Weave_height	摆动的高度

例如，焊接中 TCP 的速度由 seamdata 和 welddata 控制，如图 19-15 所示。

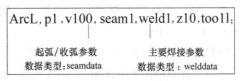

图 19-15 焊接参数说明

19.3 焊接指令与编程

1. 常用的焊接指令

任何焊接程序都必须以 ArcLStart 或者 ArcCStart 指令开始，通常采用 ArcLStart 作为起始指令；任何焊接程序都必须以 ArcLEnd 或者 ArcCEnd 指令结束；焊接中间点采用 ArcL 或者 ArcC 指令。焊接过程中，不同的指令可以使用不同焊接参数。

（1）线性焊接开始指令（ArcLStart） ArcLStart 指令用于开始直线焊缝的焊接，TCP 线性移动到指定目标位置，整个焊接过程通过参数监控和控制。例如：

ArcLStart p1, v100, seam1, weld5, fine, gun1；（！机器人在 p1 点开始焊接，速度为 v100，起弧/收弧参数采用数据 seam1，焊接参数采用数据 weld5，无拐弯半径，采用的焊接工具为 gun1）。

如图 19-16 所示，机器人线性移动到 p1 点起弧，焊接开始。

（2）线性焊接指令（ArcL） ArcL 指令用于直线焊缝的焊接，TCP 线性移动到指定目标位置，整个焊接过程通过参数控制。例如：

ArcL *, v100, seam1, weld5 \ Weave:=Weave1, z10, gun1；

如图 19-17 所示，机器人线性焊接部分应使用 ArcL 指令。

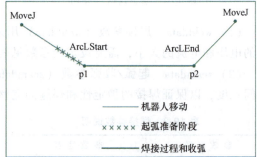

图 19-16 线性焊接开始

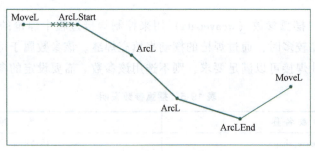

图 19-17 线性焊接运动

（3）线性焊接结束指令（ArcLEnd） ArcLEnd 指令用于结束直线焊缝的焊接，TCP 线性移动到指定目标位置，整个焊接过程通过参数监控和控制。例如：

ArcLStart p2, v100, seam1, weld5, fine, gun1；

（4）圆弧焊接开始指令（ArcCStart） ArcCStart 指令用于开始圆弧焊缝的焊接，TCP 以圆周运动到指定目标位置，整个焊接过程通过参数监控和控制。例如：

ArcCStart p2, p3, seam1, weld5, fine, gun1；

执行以上指令，机器人以圆弧运动到 p3 点，在 p3 点开始焊接，如图 19-18a 所示。

（5）圆弧焊接指令（ArcC） ArcC 指令用于圆弧焊缝的焊接，TCP 以圆弧运动到指定目标位置，整个焊接过程通过参数控制。例如：

ArcC *, *, v100, seam1, weld\Weave:=Weave1, z10, gun1;

如图 19-18b 所示，机器人圆弧焊接的部分应使用 ArcC 指令。

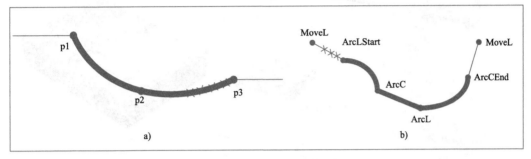

图 19-18 圆弧焊接运动指令

（6）圆弧焊接结束指令（ArcCEnd） ArcCEnd 指令用于结束圆弧焊缝的焊接，TCP 以圆周运动到指定目标位置，整个焊接过程通过参数监控和控制。例如：

ArcCEnd p2, p3, v100, seam1, weld5, fine, gun1;

如图 19-19 所示，机器人在 p3 点使用 ArcCEnd 指令结束焊接。

焊接指令的添加过程是：打开例行程序后单击"添加指令"，选择"Arc"指令，如图 19-20 所示；然后选择相应的焊接指令，完成程序编辑，如图 19-21 所示。

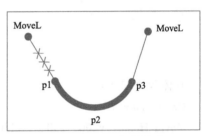

图 19-19 圆弧焊接结束

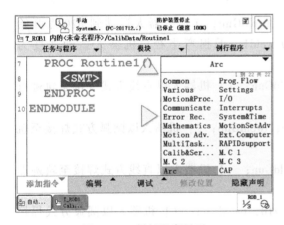

图 19-20 例行程序界面

图 19-21 例行程序 Arc 指令界面

2. 焊接编程

下面以图 19-22 所示的焊接工作站和焊接轨迹为例，借助 RobotStdio 软件介绍机器人焊接编程的过程。具体操作步骤如下：

1）解压工作站压缩包，进入工程文件，在 RobotStudio 软件中创建焊接机器人系统时，需要选中焊接工艺包，即勾选"Application arc"下的"344-arc"选项包。

2）依据焊接轨迹，示教编程焊接轨迹点。

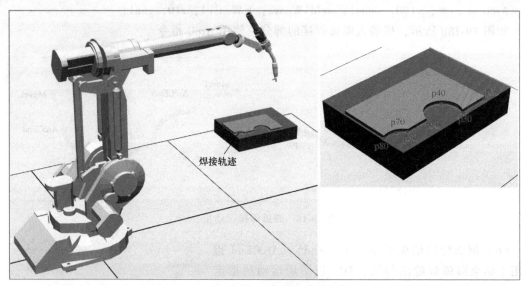

图 19-22 焊接工作站

具体程序如下：

PROC main（）

MoveJ Home，v200，z50，tweldGun；（！机器人从起始点 home 点以速度 v200、拐弯半径为 50mm 运动）

MoveL p10，v200，z50，tweldGun；（！机器人运动到中间点 p10，一般此点在焊接开始点的正上方，作为安全点）

ArcLStart p20，v200，seam1，weld1，fine，tweldGun；（！机器人运动到 p20 点开始焊接，焊接参数为 seam1，起弧/收弧参数为 weld1，无拐弯半径，机器人运动速度为 v200）

ArcL p30，v200，seam1，weld1，z10，tweldGun；（！机器人以直线方式焊接至轨迹点 p30）

ArcC p40，p50，v200，seam1，weld1，z10，tweldGun；（！机器人以圆弧方式焊接至轨迹点 p40 与 p50）

ArcL p60，v200，seam1，weld1，z10，tweldGun；（！机器人以直线方式焊接至轨迹点 p60）

ArcCEnd p70，p80，v200，seam1，weld1，z10，tweldGun；（！机器人以圆弧方式焊接至轨迹点 p70 与 p80，且在 p80 点结束焊接）

MoveL p90，v200，z50，tweldGun；（！机器人以直线运动方式返回至中间点 p90）

MoveJ home，v200，z50，tweldGun；（！机器人返回值 Home 点）

【课程总结】

在本实训中，学生接触并熟悉了焊接工作站，扩展了焊接所需的机器人操作编程技能，并且迈出了使用焊接工作站的第一步。

焊接工作站的学习内容可总结为以下三方面：

1）工作站认知及分析，掌握了焊接工作站的组成，以及相应的焊接设备（如焊枪，焊接电源，自动送丝机等）的原理、作用，这是学习焊接工作站的重要部分。

2）工作站相关参数的设置，应掌握焊接参数的设定方法、设定内容以及对坐标系的标定方法，增进对坐标系的应用情况的了解。

3）在操作能力上，应掌握焊接指令的使用方法，根据规划好的焊接路径完成焊接程序的示教，这是每个工作站实现其功能的根本，也是最为重要的一环。

焊接的动作指令与普通的动作指令在动作上保持一致，只是在机器人动作的基础上添加了焊接相关的参数，并且配备了固定的I/O信号来辅助编辑焊接程序。

【课程练习】

一、填空题

1. 焊接工作站是从事焊接作业的工业机器人集成系统，它主要包括机器人和_____两部分。

2. 起弧/收弧参数（SeamData）用来控制焊接开始前和结束后吹保护气的_____，以保证焊接时的_____和焊缝的_____。

3. 任何焊接程序都必须以_____指令或者_____指令开始，以_____指令或者_____指令结束。

二、判断题

必须设置摆弧参数，即使焊缝宽度较小，在机器人线性焊接可以满足要求的情况下，也应当设置该参数。（   ）

三、操作题

写出焊接开始指令：机器人在 p1 点开始焊接，速度为 v100，起弧/收弧参数采用数据 seam1，焊接参数采用数据 weld5，无拐弯半径，采用的焊接工具为 gun1。

四、填表题

参数名称	参数注释
Weld_Speed	
Voltage	
Current	

项目20 工业机器人视觉应用

【学习目标】

目标分类	学习目标分解	成果	学习要求
知识目标	了解视觉系统的基本组成	认知	了解
	了解视觉的典型应用	认知	了解
	了解视觉检测的基本流程	认知	了解

（续）

目标分类	学习目标分解	成果	学习要求
技能目标	完成视觉检测、分拣系统的连接	行动	掌握
	学会工业视觉软件的使用方法	行动	掌握
	学会相机的系统设置	行动	掌握
	能够根据流程编辑机器人程序	行动	掌握

【课程体系】

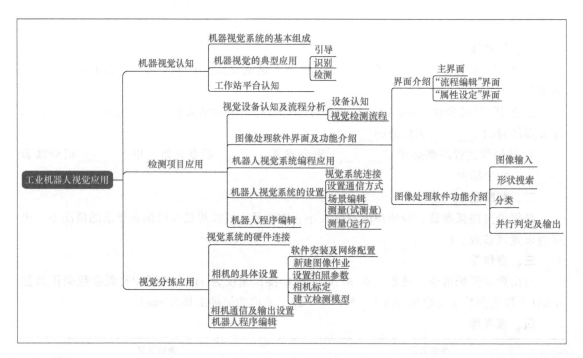

【课程描述】

本项目首先介绍了视觉系统的基本组成以及机器人视觉在引导、识别和检测方面的典型应用；然后以工作站为平台，以欧姆龙智能视觉检测系统为例，通过识别不同轮廓，详细介绍了检测项目应用；最后以康耐视相机为例实现动态视觉抓取和分拣的应用。

20.1 机器视觉认知

1. 机器视觉系统的基本组成

机器视觉系统使用相机将被检测的目标转换成图像信号，再通过图像采集卡将图像信号发送给专用的图像处理软件，根据像素分布、亮度颜色等信息将其转换成数字信号。最后，图像处理软件通过一定的矩阵、线性变换，将原始图像转换成高对比度图像，对这些信号进行运算来抽取目标的特征、预设的允许度和其他判断条件输出结果。如图 20-1 所示，一个典型的机器视觉系统包括光源、镜头、相机、图像处理软件、输入单元（图像采集卡）和输出单元。

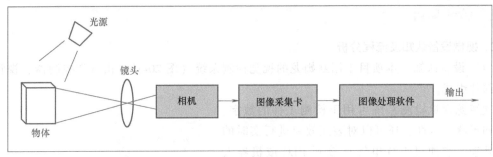

图 20-1 机器视觉系统

2. 机器视觉的典型应用

（1）引导　在引导应用中，机器视觉系统将元件在二维或三维空间内的位置和方向报告给机器人的控制器，让执行机构能够定位元件或机器，以便将元件对位。机器视觉引导在许多任务中都能够实现比人工定位高的速度和精度，如将元件放入货盘、拾取杂乱元件或包装输送带上的元件、对元件进行定位和对位等。

（2）识别　在识别应用中，机器视觉系统可以通过定位独特的图案或读取条形码、部件标识及字符等方式来识别元件。机器视觉系统还可以通过颜色、形状或尺寸来识别元件。机器视觉系统最为广泛的应用是将代码或字符串直接标记到元件上来实现识别功能。各行各业的制造商都采用这种方式进行防错，以实现高效的流程和质量监控。

（3）检测　在检测应用中，机器视觉系统针对制成品是否存在缺陷、污染物、瑕疵或其他不合格之处进行产品检测；或通过计算物品上点位间的距离进行测量，进而确定测量结果是否符合要求。若不符合要求，则机器视觉系统将向机器控制器发送一个未通过信号，触发产线上不合格产品的剔除装置动作，将其从产线上剔除出去。

3. 工作站平台认知

本项目结合机器人与视觉识别系统，对三种形状（长方形、正方形、圆形）的工件进行智能分拣，并将这三种形状的工件放置在料台的正确区域中。视觉工作站如图 20-2 所示。

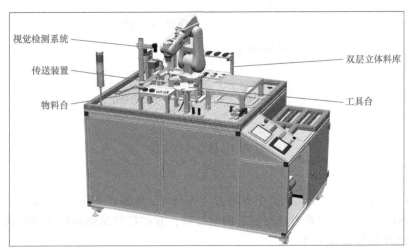

图 20-2 视觉工作站

20.2 检测项目应用

1. 视觉设备认知及流程分析

（1）设备认知　本项目采用欧姆龙的视觉检测系统（图20-3），由视觉控制器、视觉相机等部件组成。

欧姆龙视觉检测系统可用于检测工件的数字、颜色和形状等特性，还可以对装配效果进行实时的检测处理。它通过 I/O 电缆连接到 PLC 或机器人控制器，如果安装上相应模块，也可以通过串行总线和以太网总线连接到 PLC 或机器人控制器，对检测结果和检测数据进行传输。

（2）视觉检测流程　工业视觉软件是用来设定执行测量的项目流程工具。利用工业视觉软件进行视觉检测的流程如图20-4所示。

2. 图像处理软件界面及功能介绍

欧姆龙图像处理软件可用于控制板块对相机的图像采集，并对其进行处理。下面对图像处理软件界面及功能做简要介绍。

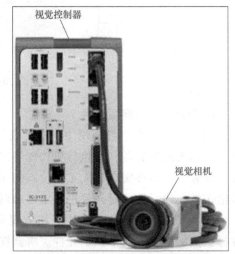

图 20-3　欧姆龙视觉检测系统

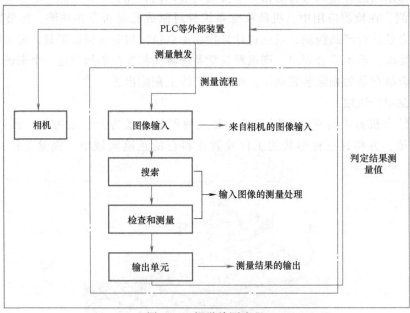

图 20-4　视觉检测流程

（1）界面介绍

1）主界面。打开软件，默认的主界面为"布局0"界面，如图20-5所示。此界面用于设定测量处理的内容，指定是否执行目标测量处理，并在执行试测量后进行确认，将不输出测量结果，RUN 信号保持 OFF。

"布局0"界面各区域说明见表20-1。

情境6 ABB工业机器人综合实践

图 20-5　图形处理软件主界面

表 20-1　"布局 0"界面各区域说明

菜单名称	功　能　描　述
判定显示窗口	综合判定结果：显示场景的综合判定（OK/NG），在判定处理单元群中，如果有任何一个判定结果为 NG，则综合判定结果显示为 NG
信息显示窗口	在信息显示窗口中显示以下几种信息：布局，显示当前显示的布局编号；处理时间，显示处理所花的时间；场景组名称、场景名称，显示当前显示中的场景组编号、场景编号
工具窗口	工具窗口包含以下功能：流程编辑，启动用于设定测量流程的流程编辑界面；保存，将设定数据保存到控制器的闪存中，变更任意设定后务必单击该按钮，以保存设定；场景切换，切换场景组或场景；布局切换，用于切换布局编号
测量窗口	相机测量：对相机图像进行试测量，单击"执行测量"可刷新"图像窗口"，显示当前相机画面 图像文件测量：加载本地保存的图像文件并进行测量 输出：当需要将调整界面中的试测量结果也输出到外部时，勾选该选项；不输出到外部，仅进行传感器单独的试测量时，取消勾选该项目 连续测量：希望在"调整"界面中连续进行试测量时，勾选该选项。勾选"连续测量"并单击"测量"后，将连续重复执行试测量
流程显示窗口	显示试测量处理的内容（测量流程中设定的内容），单击各处理项目的图标，系统将显示处理项目的参数等要设定的属性界面
详细结果显示窗口	显示试测量结果

正式测量时的界面为"布局 1-8"，在此界面下，可将测量结果输出到各通信接口，RUN 信号为 ON。默认设定的是"布局 1"，其他布局用户可根据情况自行设定并使用。这里以"布局 1"为例介绍其界面布局。

图 20-6 中的图像窗口可以显示以下内容：

① 单击处理单元名的左侧，可以显示图像窗口的属性界面。在该界面中，可以变更图像模式等图像显示窗口中的显示内容。

② 单击图像显示窗口的右上方，将显示"追加图像窗口""整列"按钮，可以并列显示多个界面。

其他区域与"布局0"的内容一致。

图 20-6 "布局 1"界面

2)"流程编辑"界面。"流程编辑"界面是制作测量流程的界面，如图 20-7 所示，右侧显示组成流程的各类方法，左侧显示测量流程。如果插入测量触发项目，将从流程上部开始依次执行处理。"流程编辑"界面的按钮说明见表 20-2。

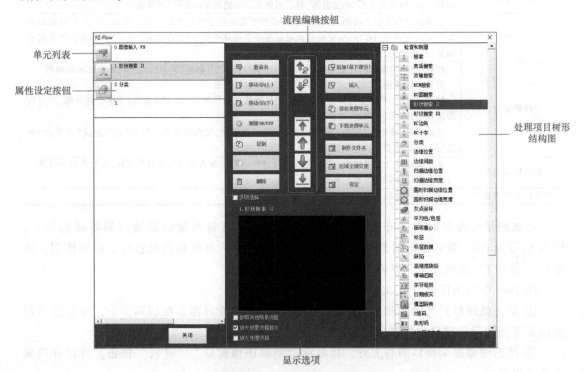

图 20-7 "流程编辑"界面

表 20-2 "流程编辑"界面的按钮说明

名称	说明
单元列表	单元列表显示构成流程的处理单元。通过在单元列表中追加处理项目,可以创建场景的流程
流程编辑按钮	选择向上搜索/向下搜索,可以搜索在处理项目中的编号
	选择顶部/底部,选择流程顶部或底部的处理单元
	选择向上/向下,以当前选择的处理单元为基准,以向上或向下的顺序选择处理单元
	重命名 显示变更所处理单元的重命名界面
	移动 向上或向下移动所选处理单元
	复制 复制所选处理单元
	粘贴 将复制的处理单元粘贴在所选处理单元的前面。需要注意的是,进入复制操作后,如果执行了其他操作,则无法继续粘贴
	删除 删除所选处理单元
	追加(最下部分) 在流程的底部追加处理单元
	插入 在所选处理单元之前插入新的处理单元
	保存处理单元 将所选处理单元的设定数据保存到文件
	下载处理单元 可以从文件读入处理单元的设定数据
	制作文件夹 希望多个处理单元作为一组管理时使用
	区域全部变更 将相关图形数据同时全部变更
显示选项	参照其他场景流程 若勾选该选项,则可以参考同一场景组中的其他场景流程
	放大测量流程显示 若勾选该选项,则以大图标显示"1. 单元列表"的流程
	放大处理项目 若勾选该选项,则以大图标显示"6. 处理项目数形结构图"
处理项目树形结构图	用于选择追加到流程中的处理项目的区域,处理项目时按类别以树形结构图的形式显示
属性设定按钮	显示属性设定界面,可进行详细设定

3)"属性设定"界面。"属性设定"界面是用于设定作为处理单元登录到测量流程中的处理项目的测量参数、判定条件等内容的界面。

单击处理单元编号前方的图标,或者选中处理单元,单击"流程编辑"选项中的"设定"进入"属性设定"界面。不同功能的处理单元,个别界面有所不同,这里以"图像输入"为例进行介绍，图 20-8 所示为"图像输入"的"属性设定"界面，每个区域的功能见表 20-3。

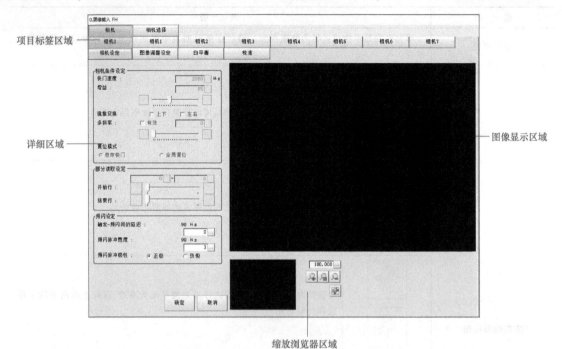

图 20-8 "图像输入"的"属性设定"界面

表 20-3 属性设定界面功能描述

名称	功能描述
项目标签区域	显示设定中处理单元的设定项目，从左边的项目起依次进行设定
详细区域	设定详细项目
图像显示区域	显示相机的图像、图形和坐标等内容
缩放浏览器区域	放大/缩小显示图像

（2）图像处理软件功能介绍　在欧姆龙图像处理软件中，控制器中配置的处理项目按照功能不同，可分为"检查-测量""读取图像""修正图像""支持检查和测量""分支处理""结果输出"和"结果显示"等类别。鉴于处理项目的复杂性和多样性，这里只列举几个较常用的项目进行介绍。

1）图像输入。图像输入是实现所有图像检测处理功能的前提，需要设定从相机读入图像的条件以及存储测量对象图像的条件。测量时图像输入为系统执行的第一项，而且是必须使用的处理单元。

2）形状搜索。主要用于工件轮廓信息的检测，将测量物的特征部分记录为图像模型，然后在输入图像中搜索与模型最相似的部分，并检测其位置。形状搜索可以输出表示相似程度的相似度、测量对象的位置及斜率。

3）分类。主要用于检测工件的颜色、编号和角度等，在多品种产品、流动的生产线等环境中进行产品分类处理和判定。

4）并行判定及输出。可以输出单元或场景的判定结果以及对计算结果的判定结果，通过并行接口将判定结果输出到可编程序控制器或个人计算机等外部设备，判定结果可以在判定 0～判定 15 之间设定，并分别以输出信号 DO0～DO15 输出。

其他功能这里不再赘述，可以参考欧姆龙数据处理系统说明。

3. 机器人视觉系统编程应用

这里以欧姆龙智能视觉检测系统为例介绍完成不同形状物料的分拣过程。

现有 A、B 两种形状的物料块，A 为圆柱体，B 为长形体。A、B 两种物料块摆放在双层立体料库上，机器人从料库中夹取物料放进料井，并经气缸推送至传送带上，在传送带上经视觉检测系统检测其形状后，机器人根据接收到的信号，将不同形状的物料分别置于物料台的不同位置上，实现物料的分拣，如图 20-9 所示。

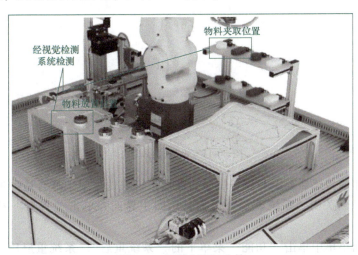

图 20-9　机器人物料分拣

工作站使用信号的说明见表 20-4。

表 20-4　工作站使用信号的说明

输入信号	说　　明
DI105	物料形状是长方体时，机器人的输入信号
DI106	物料形状是圆柱体时，机器人的输入信号
DI101	物料到达输送带末端时的输入信号

4. 机器人视觉系统的设置

在编辑形状分拣程序之前，需要完成视觉系统与机器人之间的连接准备工作。

（1）视觉系统连接　将视觉系统各部分与外部设备正确连接，确认后接通电源，起动视觉设备，图 20-10 所示为视觉系统控制器上的各个接口。

（2）设置通信方式

1）在欧姆龙视觉软件主界面中单击"工具"→"系统设置"，在树状图中单击"启动"→"启动设定"中的"通信模块"，如图 20-11 所示。

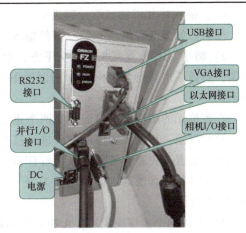

图 20-10　视觉系统控制器接口

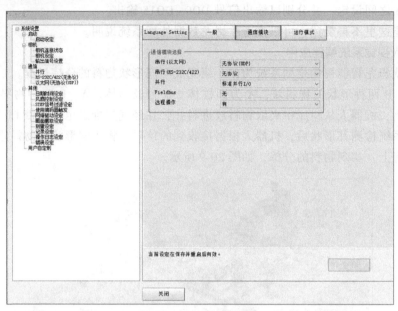

图 20-11 设置通信模块

2）根据具体的传感器类型和设备型号，在通信模块选项中选择合适的通信方式并单击"适用"按钮，然后关闭"系统设置"界面，返回主界面并单击"保存"按钮，以保存刚才的设置。

3）在主界面菜单中单击"功能"菜单下的"系统重启"。系统重启后，设定的通信模块将按照设定值运行。

4）以上步骤完成后，将物料块放置在相机下的合适位置，单击"执行测量"使相机开始捕捉图像。调整物料块的位置，使其位于视觉系统"图像捕捉"界面中央，再调整相机和照明光源，直至获得一个最清晰的图像。

（3）场景编辑

1）在主界面工具栏窗口单击"流程编辑"，进入"流程编辑"界面，如图 20-12 所示。选择处理项目树形结构图中的"图像输入 FH""形状搜索Ⅲ""并行判定输出"，并单击"插入"，依次将其添加到单元列表中。

注意：如果流程前段不是"图像输入"，会导致相机图像无法正常输入。

2）将 A 物料放置在相机镜头下方，单击软件主界面下的"执行测量"按钮，刷新获取图像，然后单击"形状搜索Ⅲ"前面的图标，进入该处理单元的属性设置界面，如图 20-13 所示。

在该单元的属性设置界面中有两个重要的参数：模型登录和测量参数。

模型登录：用输入图像的方式进行模型登录。若在模型登录时系统初始识别模型轮廓线干扰较多或者不完整，则可以在"详细设定"中调整"边缘抽取设定"。

测量参数：修改后续待测工件与登录模型的相似度，这里根据实际情况进行设定，如图 20-14 所示。

3）上述两个步骤完成后，A 物料的图像摄取即设置完成。返回"流程编辑"界面再追加一项"形状搜索Ⅲ"，并对之前添加的相同选项进行重命名以便于区分。为方便使用，可

情境6 ABB工业机器人综合实践

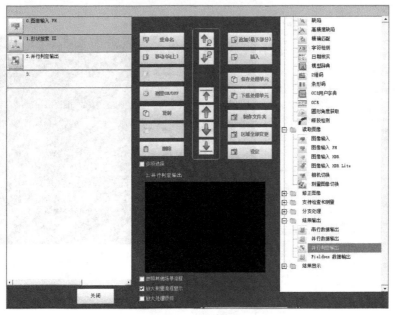

图 20-12 "流程编辑"界面

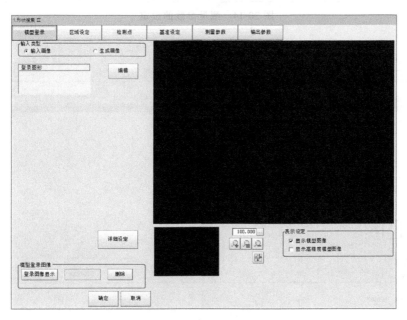

图 20-13 属性设置界面

将三个"形状搜索Ⅲ"分别重命名为"正方体""圆柱体"和"长方体"。

4)按照上面的操作步骤,将 B 物料放置在相机下方进行形状的设置。

5)三种物料的形状设置完成后,返回"流程编辑"界面,将"并行判定输出"登录到流程中,并单击"并行判定输出"前面的按钮,进入"设定"界面,如图 20-15 所示。

6)在"设定"列表中选择"0"行(即输出信号地址 DO0),单击窗口中"表达式"设置框后的"..."按钮,系统弹出"表达式设定"界面,如图 20-16a 所示。选择"圆柱

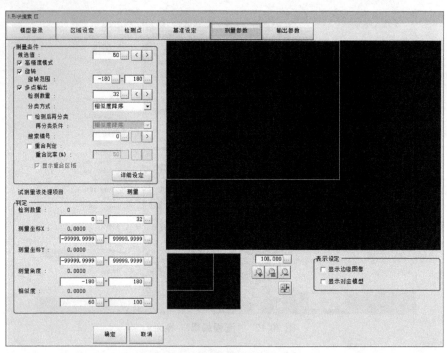

图 20-14 测量参数的设定

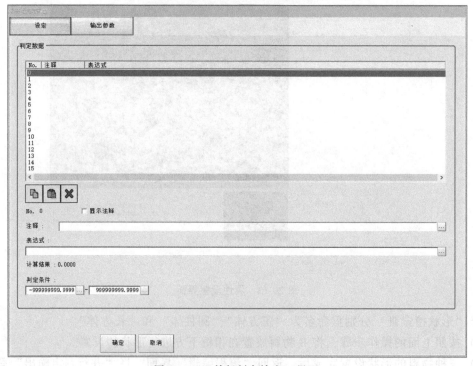

图 20-15 "并行判定输出"界面

下的"判定 JG",然后单击"确定"按钮,返回"设定"选项卡,如图 20-16b 所示。

在"并行判定输出"下的"表达式设定-表达式:0"选项卡中,设定"圆柱"的判定

情境6 ABB工业机器人综合实践

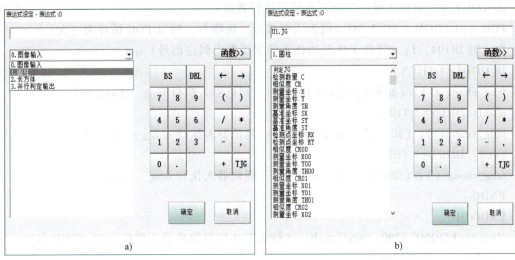

图 20-16 判定条件设定

条件范围为"0-1"。如果不确定计算结果,可以先进行试测量,试测量后计算结果会显示在判定条件上方,根据试测量结果进行判定条件的设定。

7)根据上述操作步骤,将第二行(DO1)指定给"长方体",将第三行(DO2)指定给"正方体"。

注意:在"并行判定输出"中将数字输出地址分配给处理单元时,要确保已分配的地址所对应的并行I/O电缆针脚和外部PLC相连。并在"输出参数"中修改输出极性为"使用本项目处理设定—OK时ON"。

(4)测量(试测量)

1)将A物料或B物料放在检测区域内(非登录模型物料)。

2)单击主界面上的"执行测量",观察各处理单元的判定结果是否符合预期结果,如果不符合,则应对处理单元内的参数进行调整并重复测量。

(5)测量(运行) 将主界面切换至"布局1",由外部装置触发视觉系统的运行,查看视觉系统对工件的测量输出结果。

5. 机器人程序编辑

机器人信号定义示例见表20-5(实际连接可能有所不同)。

表 20-5 机器人信号定义示例

名称\信号	DI[104]	DI[105]	DI[106]	DI[107]
工件到达传送带末端	ON	—	—	—
长方形接收	—	ON	—	—
圆形接收	—	—	ON	—
正方形接收	—	—	—	ON

主程序main参考程序如下:
PROC main ( )
MoveAbsJ HOME v200, fine, tooljz;(程序运行开始,机器人回到HOME点)

rInitAll（ ）（初始化程序，将所有信号进行置位）
FOR reg1 FROM 1 TO 3 DO（因为需要搬运三块物料，所以 FOR 循环为三次）
WaitDI DI104，1；（等待工件到达传送带末端发出到位信号）
IF DI105＝1 THEN
fang_chang（ ）；（如果输入信号 105 为 1，则机器人执行 fang_ chang（ ））
elseif DI106＝1 THEN
fang_yuan（ ）；（如果输入信号 106 为 1，则机器人执行 fang_ yuan（ ））
elseif DI107＝1 THEN
fang_zheng（ ）；（如果输入信号 107 为 1，则机器人执行 fang_ zheng（ ））
ENDIF
ENDFOR
MoveAbsJ HOME v200，fine，tooljz；（结束三块物料的成品入库后返回 HOME 点）
ENDPROC（程序结束）

20.3 视觉分拣应用

1. 视觉系统的硬件连接

本项目利用工业机器人这一柔性执行单元，结合视觉识别系统，对三种形状（圆形、正方形、长方形）的物料进行智能分拣，并将这三种不同形状的物料分拣到指定的物料盘中。

在配置集成视觉系统前，将机器人、相机、个人计算机通过工业以太网进行连接，如图 20-17 所示。

图 20-17　集成视觉系统的硬件安装

2. 相机的具体设置

（1）软件安装及网络配置　这里以康耐视的工业视觉软件 In-Sight 为例详细介绍其配置操作。在所需硬件连接完成以后，为了实现在个人计算机端使用 In-Sight 配置相机，相机的 IP 地址一般由控制器使用 DHCP 自动分配，也可以使用静态 IP 配置相机网络，并将相机连接到机器人控制器，网络配置的操作步骤见表 20-6。

（2）新建图像作业　在本项目中，集成视觉中所有的相机配置和设置统称作业，新建图像作业是采集工件形状样本和设置图像参数的基础。如图 20-18 所示，在"文件"选项卡下新建作业后对设置完成的作业进行保存，以免在停电时丢失数据。需要注意的是，保存作业的位置必须在相机的闪存盘内，以方便从 RAPID 图像指令加载 job 文件。由于机器人程序中存在要求加载相机作业的指令，因此，相机作业文件的名称必须与 PAPID 程序指令中的作业名称相同。

表 20-6　网络配置的操作步骤

序号	操作步骤	图 片 说 明
1	在个人计算机端网络设置中将以太网（TCP/IPv4）属性中的 IP 地址和控制器的 IP 地址放在同一网段,并且关闭防火墙	
2	打开 In-Sight,在"系统"菜单下单击"将传感器/设备添加到网络"选项	
3	连接电源,相机名称显示后输入网络地址和子网掩码,单击"应用"即可	

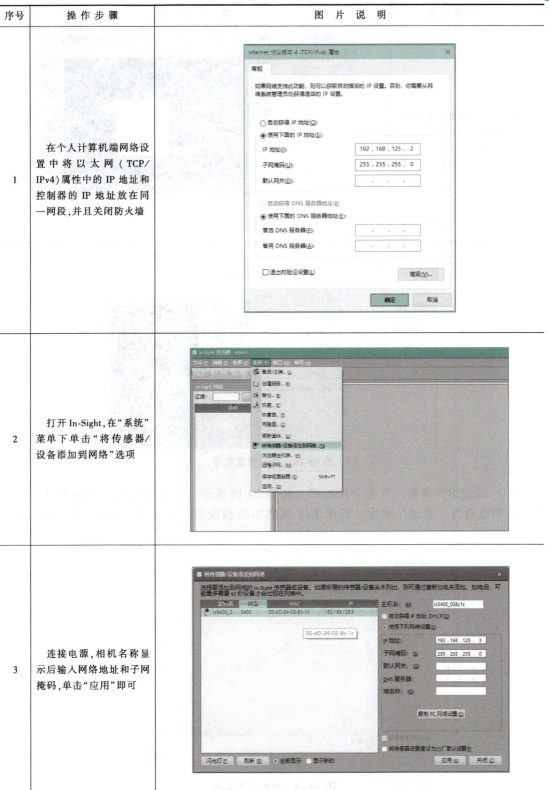

(续)

序号	操作步骤	图片说明
4	双击左侧的相机名称,进入后自动连接且显示拍照画面	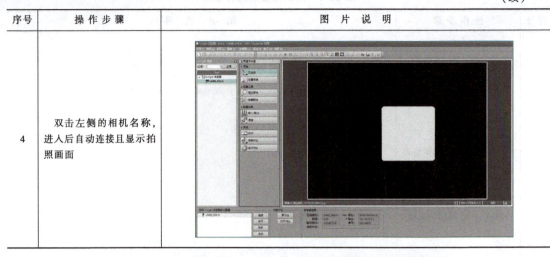

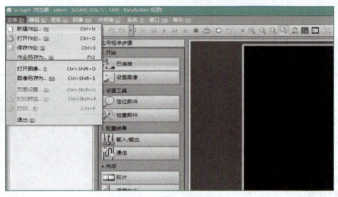

图 20-18　新建图像作业

(3) 设置拍照参数　双击"Image",如图 20-19 所示,设置触发模式和曝光时间等参数,这里设置为"手动"触发,即单击工具栏中的触发图标或者按快捷键<F5>时,相机拍照。

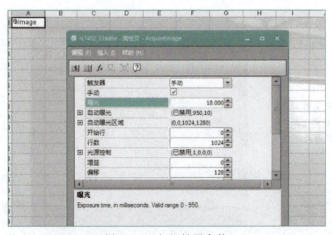

图 20-19　相机拍照参数

(4) 相机标定 相机默认输出的坐标值是相机采集到的像素值，并非实际工件位置尺寸。因此，需要将物理坐标与像素值进行映射标定，设定校准后，可以使测量结果从像素值转换为实际尺寸并输出。

在"设置图像下"界面右下角出现图 20-20a 所示的界面，"校准类型"选择"网格"，然后单击"校准"按钮，打印校准网格纸，并将打印的网格纸放在相机视野的正中间。单击"姿势"进入"姿势设置"界面，如图 20-20b 所示。原点位置为默认，单击"触发器"自动拍照，最后单击"校准"，校准工作完成。

操作完成后即可显示校准结果，数值为 0~5，数值越大校准效果越差，图 20-21 所示为良好。

图 20-20 校准类型及姿势设置界面

图 20-21 校准结果

(5) 建立检测模型 建立检测模型是引导定位物体的重要步骤，应根据部件的要求选择合适的定位工具，相关步骤见表 20-7。

表 20-7 建立检测模型的步骤

序号	操作步骤	图 片 说 明
1	在"设置工具"下单击"定位部件"	
2	工具选择"PatMax RedLine™ 图案"	

(续)

序号	操作步骤	图片说明
3	双击"PatMax RedLine™ 图案"后,在"模型"及"搜索"下拉列表中选择相应的形状,这里选择"矩形"	
4	在模型区域内选中视野中的物体,并单击上一步中的"确定",完成模型的创建	
5	完成后,可在"常规"中修改名称,在"设置"中修改相应的"合格阈值""旋转公差""水平偏移""垂直偏移"等参数	
6	在结果中可清晰地看到当前物体的检测是否成功,绿色表示通过,红色表示失败。结果中会输出检测模型的位置及得分	

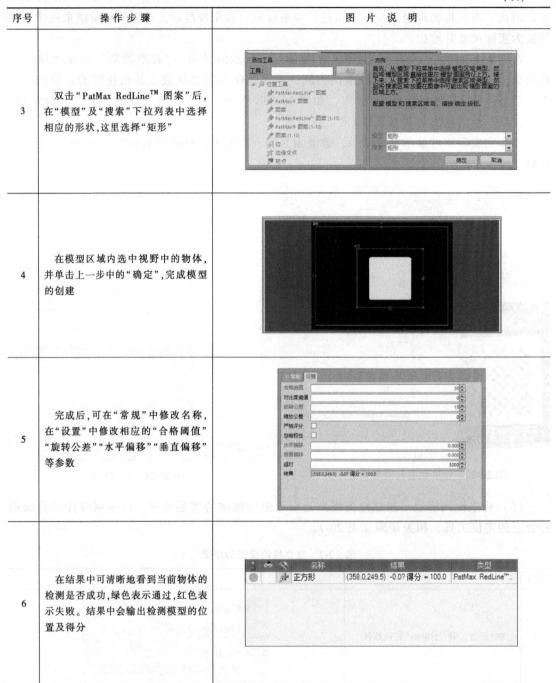

3. 相机通信及输出设置

相机通信使用的通信协议为TCP/IP,即Windows环境下的Socket通信,因此需要与机器人建立通信连接。注意:机器人控制器应添加616-PC-INTERFACE模块,建立Socket通信来实现数据的收发,即相机作为server端发送数据,机器人作为client端接收信号,具体操作步骤见表20-8。

表 20-8 相机通信及输出设置的步骤

序号	操作步骤	图 片 说 明
1	右击当前相机,单击"显示电子表格视图"	
2	双击空白表格并输入"TCPDevice",输入后确认	
3	"主机名"为智能相机名称,可不做修改;"端口"设置为"8080",也可以不做修改,只要不被其他号码占用即可	
4	打开ABB示教器,进入主菜单栏,选择重启左下角的"高级",选择"启动引导"应用程序,根据提示将机器人的IP地址设置在相机的同一网段下	

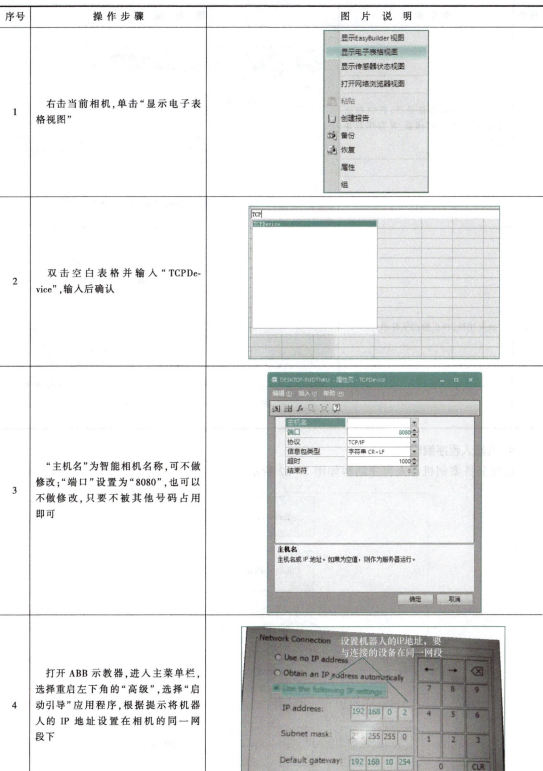

(续)

序号	操作步骤	图 片 说 明
5	回到 In-Sight 表格界面，在空白处调用"WriteDevice"函数，保存作业并联机	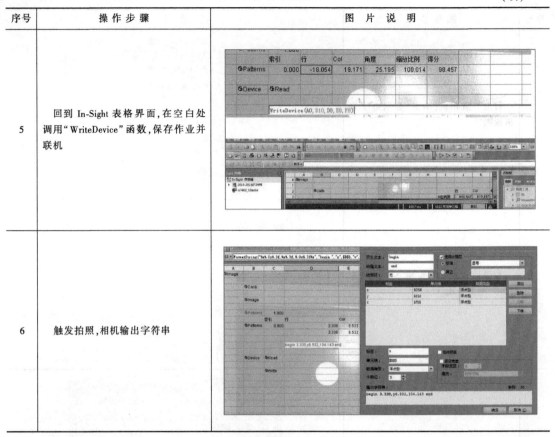
6	触发拍照，相机输出字符串	

4. 机器人程序编辑

视觉分拣案例机器人程序结构如图 20-22 所示。

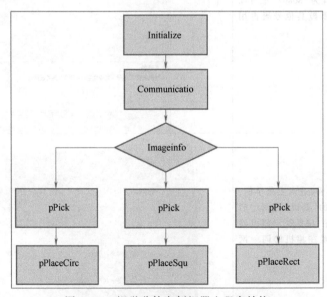

图 20-22　视觉分拣案例机器人程序结构

【课程总结】

本项目以最基本的机器视觉应用为例,结合欧姆龙和康耐视两个品牌的视觉交互信号完成机器人检测和分拣案例的程序编辑。主要内容如下:

1) 两种品牌视觉系统的基本安装与连接。
2) 两种品牌视觉软件的网络设置和图像基本设置。
3) 视觉检测和分拣项目程序的编辑。

【课程练习】

问答题

1. 简述工业视觉系统能够解决的问题。
2. 简述视觉系统并行通信的连接方法。
3. 简述一个视觉检测项目的设计流程。
4. 简述一个视觉分拣项目的机器人程序结构。

参 考 文 献

［1］ 叶晖，管小清. 工业机器人实操与应用技巧［M］. 北京：机械工业出版社，2010.
［2］ 黄风. 工业机器人与自控系统的集成应用［M］. 北京：化学工业出版社，2017.
［3］ 邵欣，李云龙，檀盼龙. PLC与工业机器人应用［M］. 北京：北京航空航天大学出版社，2017.
［4］ 蒋正炎，许妍妩，莫剑中. 工业机器人视觉技术及行业应用［M］. 北京：高等教育出版社，2018.
［5］ 周文军. 工业机器人工作站系统集成：ABB［M］. 北京：高等教育出版社，2018.